Dances
With Hornets

**安奎**博士——**著**　　**山根爽一**博士——**校訂**

# 與虎頭蜂
# 共舞

安奎的虎頭蜂研究手札

長榮大學前校長　陳錦生

　　虎頭蜂屬胡蜂科昆蟲，為臺灣常見危害蜜蜂和人類的害蟲，同時也是民俗文化（包括蜂療、藥酒、入神等）相關的昆蟲。在許多害蟲當中，虎頭蜂可說是最常登上媒體的新聞昆蟲。只要在中文網路上隨便Google一下，就可找到約3000則相關的新聞。其中大多為某某地區虎頭蜂螫人危害、消防隊或捕蜂達人如何摘除蜂巢的英勇記錄。最近的一則新聞，則是有關烘焙業者竟然開發出「虎頭蜂月餅」，在月餅外皮上放上一整隻油炸過後的虎頭蜂，蜂蛹則當成內餡販售，看起來就很有新聞性。雖然虎頭蜂和我們息息相關，但大多數人對其種類、生態習性、防治方法等知識卻非常匱乏，這也是牠之所以成為新聞寵兒的原因。

　　臺灣學術界研究虎頭蜂的學者不多，而一般大眾對虎頭蜂的瞭解亦僅止於報章雜誌的片段知識。虎頭蜂的防治，除了消防隊、專業捕蜂人外，一般學界甚少涉獵實務。而實務界則常常是師徒制的傳授各自獨門方法，有時變成知其然而不知其所以然的狀況，反而使當事人涉入險境而不知。有鑑於此，筆者在安排坊間「病媒防治專業人員訓練」課程時，亦曾加入虎頭蜂的專題，但遇到的困難則是找不到好的教材可以使用。

　　安奎教授以其多年研究蜜蜂之餘，亦涉獵虎頭蜂的研究，完成這本既通俗又學術的大作《與虎頭蜂共舞——安奎的虎頭蜂研究手札》，其內容包羅甚廣，包括生態、分類、防除及預防、虎頭蜂與人類的關係等方面。其文筆流暢，深入淺出，蒐集資料之豐，加上自己多年的實務經驗，讀之令人欲罷不能。沒有一般學術論著的枯燥無味，可說是通俗科學的佳作，也可以做為學術界和實務界一起來研究虎頭蜂的主要參考。

# 推薦序　認識臺灣虎頭蜂的一本好書

日本茨城大學名譽教授　山根爽一

　　早年，一艘葡萄牙輪船恰好駛過臺灣島洋面上時，船員看到臺灣島很興奮，不由得叫了"Ilah Formosa"美麗之島。臺灣島面積並不大，約與日本九州相近。但是臺灣島有北部貫穿到南部的山脈，擁有六十座以上超過海拔3,000公尺的高山。臺灣島有豐富的氣候帶，而且全島被山脈分割為東西兩個地域，各有不同的、複雜的、多樣性的自然環境，形成變化很大的生物多樣性。因此，臺灣是研究社會性蜂類最適合的地域之一。以胡蜂總科的蜂類而言，分布在日本北方系的黃胡蜂屬（*Vespula*）較少，但大型的虎頭蜂（*Vespa*）屬就很豐富。

　　本書的作者安奎博士，是我在42年前為了研究社會性蜂類，最初拜訪國立中興大學時的老朋友。作者當年在中興大學昆蟲學系當助教，昆蟲學研究所畢業以後，進入博士班專門研究養蜂學。之後，在臺灣大學教授養蜂學，並與臺灣大學榮譽教授何鎧光博士共著大學用書《養蜂學》，對於臺灣養蜂技術的提高有很大的貢獻。作者獲得博士學位後，進入國立臺灣博物館工作，對臺灣的自然、歷史、民族等各方面，有深刻的關心與知識，最後擔任國立臺灣博物館的館長職務。如一般所知，他在臺灣的工作毫無疑問，是一位著名自然史的研究者。在養蜂的實踐研究中，他對於危害蜜蜂最嚴重的虎頭蜂類，有濃厚的興趣，數十年來繼續觀察牠們的生態與防除。

　　虎頭蜂類身體很大，築巢在樹枝上、屋簷下、草叢中、土穴中等，而成群居社會性生活。蜂類怎麼演化社會生活，是一個本質上的研究課題。秋末蜂群最大時，虎頭蜂與人們接觸的機會增加，只要虎頭蜂巢受到碰觸、刺激或攻擊時，就會敏感地攻擊敵害或人們。被虎頭蜂螫傷，激烈疼痛，有時會引起致死性的過敏反應。所以在山野從事林業的人員及農民，或踏青郊遊的人們及鄰近居民等，都懼怕虎頭蜂。此外，對於養蜂人來說，虎頭蜂會攻擊並且滅亡蜜蜂蜂群，尤其中華大虎頭蜂，是難應付的蜜蜂天敵之一。這些蜂類是社會性生物學上很有興趣的主題，但也是很難應付的昆蟲。

　　作者在本書《與虎頭蜂共舞——安奎的虎頭蜂研究手札》裡，透過40多年長期間的豐富體驗與詳細觀察，累積許多關於虎頭蜂類的知識。書中介紹臺灣虎頭蜂類的種類、生態、行為等生物學的基本知識，

並談及虎頭蜂與人類的關係，被螫傷時的治療方法等的實用知識。本書寫得通俗易懂，讀者可以一口氣讀完，容易瞭解各種臺灣虎頭蜂，不可思議又很有趣的生活方式及生態特徵。

　　本書共分5章，第1章「與虎頭蜂的一段情」談到作者跟虎頭蜂相遇的經過等。他在興大當助教時，帶學生們在惠蓀林場進行田野實習，突然受到虎頭蜂的攻擊，好幾位學生們被螫傷了。體驗這嚴重災難的小故事，很逼真的描寫。本章又介紹嚴重的虎頭蜂螫人事件等。特別有興趣的是，介紹製作虎頭蜂酒的材料及虎頭蜂的養殖蜂場。一般人來說，養蜂就意味著為了採取蜂蜜，蜂臘等蜜蜂產品，但是本人到現在為止，從沒聽過養殖大型虎頭蜂群的奇聞。

　　第2章「虎頭蜂的祕密」講解以虎頭蜂的分類學地位為主，蜂群的一年生活史、生態、行為、生物學的內容等。最後介紹分布於臺灣島的虎頭蜂種類、成蜂形態、築巢位置、巢的大小及形態特徵等。其中棲息在高山地區的臺灣特有種，威氏虎頭蜂的生活史與蜂群大小等，是在一般書裡很少介紹的新奇知識。

　　第3章「虎頭蜂的防除」，及後面「蜂螫的預防及處理」、「虎頭蜂與人類」兩章。介紹了虎頭蜂與人類的關係。因為虎頭蜂是對於人類最危險的動物之一，在日本每年有30人左右，被虎頭蜂（*Vespa* spp.）螫而喪命。希望人們得到本書的實用知識，防止或減少虎頭蜂的螫害。在最後的一章，作者提到自己的生命感：「虎頭蜂也有生存的權利」，他希望人們與野性生物的虎頭蜂和諧共舞，我也擁有跟他同樣的想法。

　　本書使用大量的照片及圖表，期望幫助讀者容易瞭解虎頭蜂。這是一本好書，本人衷心推薦，希望讀者能獲得更深刻的虎頭蜂知識，並給予更多的關懷。

日本茨城大學名譽教授
山根爽一
2014年9月於日本土浦市
土浦市

# 推薦序　近距離看虎頭蜂

**行政院農委會林試所前所長　金恆鑣**

　　老友安奎兄寫了一本關於虎頭蜂的書，要我寫個導讀。我不懂昆蟲學，但虎頭蜂是我感興趣的昆蟲。因為我曾與一隻虎頭蜂短兵相接過，略為相識，所以便不自量力的接下這番好意。

　　那次與虎頭蜂的意外交手，結果是我被螫腫兩處，牠賠上一條命。雖然不是很愉快，卻是難得的經驗。

　　2011年10月19日，我飛抵蘭嶼，下了飛機，跨上朋友斛古的摩托車的後座，離開機場。秋高氣爽，海風輕拂，有說不出的舒服。左邊的海平面與通透的天空無接縫地相連。一艘斑駁的拼板舟擱在岸邊，離微微起皺的海面約有兩公尺，艏與艉像攤開的雙臂，靜靜地伸向藍天，似乎在等待上天的指示。右邊是一塊一塊依地勢圍成的芋田與一半露出地面的低矮的達悟傳統住屋，再往右邊是低矮的山丘，披著熱帶的樹林，那便是我這次造訪的目的地。我們自在地行駛在蘭嶼的環島公路上。

　　正當整個人沉醉在微溫的風中時，突然間，一個黑點迎面而來，接著我的左頸衣領附近起了一陣劇痛，像有尖刀刺入。我本能的直接用手拍開，但不知發生了什麼事情。帶著熾熱的刺痛，十分鐘後到了達悟部落文化基金會。跨下機車進入基金會的辦公室之際，正想請朋友看看我的頸子是怎麼一回事，不料左臂又是一陣刺痛。隱約感覺到有異物在左長袖內活動，我馬上用右手按住衣袖，隔著衣袖抓住那異物，似乎是一隻昆蟲。因為怕它飛走，只好捉緊左衣袖及其內的異物，困難地從右袖脫下襯衫。把那異物翻出來一瞧——原來是一隻虎頭蜂，已奄奄一息了，我想，糟了！

　　這隻虎頭蜂已無飛行能力，不斷地抽搐著，令人不忍。我先用隨身攜帶的相機拍下這隻倒楣的虎頭蜂，再將牠收好，準備帶回林業試驗所標本館。我也照下頸子與手臂的紅腫作為紀錄。根據本書，螫傷我的還是最溫和的黃腰虎頭蜂呢，真是幸運。

　　這時我又想起24年前的往事。我在高雄縣的林業試驗所六龜分所任職時也是秋高氣爽的日子。山上一個撫育樹苗的除草工人，不幸遭到一

群虎頭蜂攻擊。在地人先用中醫偏方治醫,等到事態嚴重了,才送到高雄長庚醫院,可惜為時已晚,未能挽回生命。那是我第一次見識到虎頭蜂螫死人的嚇人事件。事實上,在野外工作的朋友吃過虎頭蜂苦頭的大有人在。

我並未就醫的過了一星期,所有的紅腫都消失了,但我並未消除對虎頭蜂的記憶與歉意,同時進一步研讀了一些相關文獻。原來虎頭蜂是有名的完全社會性與雜食性昆蟲,科學家感興趣的不只是牠們的兇猛習性與強烈的蜂毒、狩獵的行為、對人類的直接侵擾與間接貢獻,也包括牠們在生態系裡擔任的重要角色。

林業試驗所有一位研究虎頭蜂的陸聲山博士。他指出本地的虎頭蜂中以黑腹虎頭蜂與中華大虎頭蜂最兇猛,但是黃腳虎頭蜂與黃腰虎頭蜂螫人的紀錄也很多。然而,虎頭蜂的螫針與蜂毒是自衛性的攻擊武器與火藥,只在受到驚擾與受到威脅之時才動用。對虎頭蜂巢敬而遠之是大家起碼要有的知識。

地球上三十億年來的演化力量解決許多生命之間的矛盾,讓上千萬物種能共存在這個地球上。在演化的時光隧道中,生物不斷地精進自己的裝備,採取各種更有效的攻擊敵人的方式並築起更牢固的防禦工事,發展出反擊的策略與本事。如此,讓吃與被吃的兩者之間各有得失,並能分享自然的資源,形成更多樣而繽紛的生命世界。虎頭蜂的攻擊蜜蜂,與蜜蜂的防禦和反擊行為,充分表現了自然界生命之間為生存、繁衍、擴散的精采奮鬥史。牠們之間不曾止息的互動,永遠是科學家窮追不捨的待解之謎。

虎頭蜂會攻擊蜜蜂巢而蜜蜂會加以反擊的生態現象早已膾炙人口。虎頭蜂獵食蜜蜂,蜜蜂也有法子殺死來犯的虎頭蜂。虎頭蜂持著數倍大的個子和強而有力的大顎作為武器,能輕而易舉地獵殺蜜蜂。蜜蜂則靠數量優勢,一擁而上包住虎頭蜂,如甕中捉鱉般弄死虎頭蜂。不論是何方輸或贏,兩方均在自然國度擁有自己的利基,兩者之一並沒有因

戰爭而滅種。

　　日本玉川大學教授小野正人根據其在日本的研究指出，約30隻大虎頭蜂一次出擊，在幾小時內可獵殺3萬隻西洋蜜蜂，澈底摧毀並佔領蜜蜂巢，這是一隻殺1千隻的大屠殺戰役，可以想像戰爭的激烈與慘重。在臺灣的南部六龜山區，陸聲山博士與林朝欽博士的研究團隊用無線感測網，以影像紀錄黃腳虎頭蜂攻擊東方蜜蜂的實況。一群蜜蜂層層密密地圍住一隻來犯的虎頭蜂。蜜蜂齊心協力地振翅散熱，用高溫導致虎頭蜂喪命。他們一共紀錄了十四個戰役，一個戰役有時只花了四分鐘便分勝負，最長記錄苦鬥一個鐘頭又十六分鐘，可見虎頭蜂的耐熱力因個體而異，演化的戲碼在自然界處處上演著。

　　數百萬年來，蜜蜂演化出來的禦敵策略至少可分為兩類，其一是改變虎頭蜂的「物理環境」，可以說是熱死進犯的來敵。其二是小野正人的發現，他認為一隻隻蜜蜂形成蜂球的內部，由於蜜蜂呼出的二氧化碳高濃度也是虎頭蜂致命的原因。這正是改變虎頭蜂的「化學環境」，可以說是悶死進犯的來敵。氣溫與二氧化碳濃度均升高，兇猛如虎頭蜂者也得認命。蜜蜂殺死了虎頭蜂，馬上舔淨虎頭蜂留在蜜蜂巢上作為攻擊記號的費洛蒙（胡蜂毒素），以免其他虎頭蜂依此線索再度來襲。蜜蜂以族群數量取勝，虎頭蜂以兇猛力量佔優勢，所以兩者皆有其求生的憑藉，各自佔據一定領域的生存空間。這也是當前地球的大氣二氧化碳濃度升高與氣候暖化的超級迷你版，只不過，人類的敵人正是自己。

　　在自然界，虎頭蜂是位居昆蟲食物網金字塔之至高位置的物種，除了獵食其他生物外，牠也能為植物傳粉，在穩定生態系的結構上有一定的功能。虎頭蜂對農夫的作物有益，但卻也是養蜂場主的頭痛害蟲。在林業試驗所專門研究虎頭蜂的趙榮台博士估計過，臺灣的神像開光每年便可能需要十萬隻的虎頭蜂。2014年1月至9月，桃園縣消防局出勤摘除虎頭蜂巢超過二千七百件。此外，不知道有多少隻虎頭蜂，葬身國人配製的藥酒瓶內。

虎頭蜂酒的效果並不明確，但是2000年的女子馬拉松奧林匹克金牌得主高橋尚子宣稱，她感謝「虎頭蜂汁」的功效。虎頭蜂汁是虎頭蜂成蟲在餵養幼蜂後，日本科學家從幼蟲身上取得的透明液滴，據說使用後可加速人體內脂肪的代謝作用，進而增加耐力與活力。

在臺灣郊野，虎頭蜂幾乎是人人皆有機會碰到，也被螫傷的動物。知己知彼既可瞭解我們在生態的位置，也可以知道如何與虎頭蜂相處。這本安奎博士的《與虎頭蜂共舞──安奎的虎頭蜂研究手札》，正好提供了人人必須具備的虎頭蜂知識，讓我們能走出害蟲、藥材、入神動物的觀點與作為，改以生態價值看待虎頭蜂，讓虎頭蜂發揮生態服務的本能，讓我們建立社會普遍欠缺的生命倫理觀。

行政院農委會林試所前所長

珍古德教育暨保育協會

金恒鑣

2014年10月19日

E-Mail：henbiau.king@gmail.com

國立臺灣大學榮譽教授　何鎧光

　　人類對於虎頭蜂之評價可謂「毀譽參半」。虎頭蜂具強烈之捕食性，在自然界，清除多種農林害蟲，幫助人類降低經濟損失；尤其虎頭蜂體內所含之蜂毒，為醫藥研究之珍貴材料，此為牠的有益之處。但其捕食習性，亦常捕食益蟲，蜜蜂即為一例。因此，臺灣的蜂農視虎頭蜂為蜜蜂之重大敵害。虎頭蜂具領域行為（Territorial behavior），當被其他動物（包括人類）騷擾後，會群起而攻之。被螫後，輕者痛楚不堪，會引起過敏反應，嚴重者可喪命，令人「談虎色變」，這是他的害處。

　　國立臺灣博物館前館長安奎博士，鑽研蜜蜂學四十餘年，與蜜蜂關係密切之虎頭蜂，當然涉獵亦深。今就其自身之經驗，及彙整所收集之資料，鉅細靡遺，書就《與虎頭蜂共舞——安奎的虎頭蜂研究手札》。全書約九萬字，照片237幀。內容精彩，文字生動，極具應用價值，是不可多得的參考書。特於鄭重推薦。

國立臺灣大學榮譽教授
何鎧光
2014年9月24日

## 國立自然科學博物館前館長　周延鑫

　　大家都知道一個國家一種行業水準的地位，可由三種標示來衡量，即師資、本科刊物（包括書籍）及就業機會。

　　我是學習昆蟲研究的一員，早期在國立臺灣大學昆蟲系上課時，曾遇到一位由美國來臺大教書的交換教授Dr. Lyle，他在美國密西根州立大學曾任系主任、院長，主要教授蜜蜂學。記得當時昆蟲系主任易希陶先生，特別指示何鎧光先生負責上課的實習事務。後來Dr. Lyle回美國後，昆蟲系的養蜂學課程就由何教授接任，每年開課至今。

　　何鎧光教授指導的第一位學生安奎博士，於1997年共同出版臺灣第一本國立編譯館主編的大學用書《養蜂學》。今天非常高興看見安奎博士，又要出版第二本生物科學書籍：《與虎頭蜂共舞——安奎的虎頭蜂研究手札》。這本書的內容詳細，文字清新，可說兼顧認真與嚴肅兩個層面，臺大學生都會很喜歡。書中收錄了近年來有關臺灣虎頭蜂螫人的新聞、虎頭蜂的種類及如何預防蜂螫等。為了持續推廣以前的「美援能有用於科普」，特為序介紹，以便讓更多人瞭解與我們共存的虎頭蜂。

美國昆蟲學會會士（Fellow）

國立自然科學博物館前館長

周延鑫

Aug.17.2014

國立中興大學昆蟲系教授兼主任　路光暉

　　虎頭蜂，一種令人敬畏與害怕的生物，在安奎博士眼中卻是個有意思的昆蟲。1972年擔任本校昆蟲學系教學助教期間，因緣際會接觸虎頭蜂後，開始其40餘年的虎頭蜂研究。本書，安博士將一生經驗配合其豐富的收集資料，以平鋪直述又帶點風趣的筆觸，陳述虎頭蜂的種種，如種類、行為與防除等相關知識；除卻學術論文式的論述，使讀者可以在輕鬆閱讀的同時，不經意的增加對虎頭蜂的認識，這是我喜歡這本書的原因。

國立中興大學昆蟲系教授兼主任
路光暉博士

　　《與虎頭蜂共舞》自2015年11月出版，至今將近5年。回憶1972年日本虎頭蜂專家山根爽一先生來臺灣，以研究「臺灣的虎頭蜂」為博士論文，當年恰巧有一窩虎頭蜂搬來居所後棟小樓築巢。為了防範蜂螫意外，特別請山根先生來家裡吃晚餐，並請他協助清除虎頭蜂巢。

　　1974年在中興大學昆蟲學系當助教，帶領大三學生到關刀溪惠蓀林場實習，被一窩大虎頭蜂追著跑，8位同學被螫傷，幸無大礙。1985年10月臺南陳益興師生不幸喪命虎頭蜂螫針下，成為重大社會新聞。隨即與民生報沈應堅記者、捕蜂專家羅錦吉兄弟等人趕往臺南，摘除蜂巢並攝影錄影存證。基於使命感驅使，特將摘除的虎頭蜂窩，於當年11月10日起在臺灣博物館展出，並扮演說明員詳細解說「預防蜂螫之道」。2000年8月拜訪虎頭蜂養殖場，意外被虎頭蜂在頭頂螫了3針，幸好隨身攜帶「臺灣綠蜂膠」，救了一命，……。這些點點滴滴與虎頭蜂結下的不解之緣，至今仍然歷歷在目，恍如昨日之事。

　　《與虎頭蜂共舞》的章節鋪陳，對於虎頭蜂生物學內容、虎頭蜂防除、蜂螫的預防及處理等，均有深入淺出的探討，此點頗受讀者肯定與喜愛。出書之後，確實在臺灣社會引起一些小小漣漪，有些山林遊樂區、學校團體及相關林業機構等，陸續舉辦「如何預防虎頭蜂螫」的活動。作者也常應邀演講現身說法，推廣如何預防虎頭蜂螫，期盼社會大眾對虎頭蜂的生態及行為，能因此多一分瞭解，及早懂得預防虎頭蜂螫，即可減少一分傷亡，這是出版此書的最大心願。

　　二版新書中，整理4個新的微電影片，「與臺灣馬蜂的一段緣」、「黑腹虎頭蜂採集」、「黃腰虎頭蜂攻擊蜜蜂」、「黃胸泥壺蜂築巢」，與讀者分享。二版提出之前，又請日本山根爽一博士抽空再度校訂，並提出建議，特此致謝。

安　奎　謹識

2020年6月15日於臺中市

　　老舍在《駱駝祥子》中，一段敍述「小時候去用竿子捅馬蜂窩就是這樣，害怕，可是心中跳著要去試試」。究竟戳了虎頭蜂的蜂窩會如何呢？2003年9月，臺東市某國小學童戳了虎頭蜂窩，惹惱虎頭蜂群起而攻，嚇得學童哭喊尖叫，在校園裡滿場竄逃，導致30多名學童被螫傷。為甚麼每年都發生虎頭蜂螫人事件？馬蜂與虎頭蜂有甚麼關係呢？臺灣有幾種虎頭蜂？虎頭蜂長得甚麼模樣？相信大家都十分關注，也很想知道答案。

　　回想2004年提早退休，思考未來漫長歲月還能做些甚麼？列出一串清單，第一件想做的事，就是整理虎頭蜂資料。不料2005年才剛啟動，卻因意外機緣移居新竹接任新教職。直到2012年再度退休，才又重拾虎頭蜂課題。將蒐集的虎頭蜂相關資料及研究報告，與虎頭蜂互動的親身體驗，還有歷年拍攝的照片及影片等，以回憶錄方式彙整成冊。過程中對於虎頭蜂專家郭木傳教授，在1987年報告中的感慨：「日本學者對臺灣虎頭蜂的研究雖不少，但進行本土研究工作時，仍然覺得相關生態資料太少。」深有同感，幾度遇到瓶頸很想放棄。但是，每當看到媒體報導，又發生虎頭蜂螫人事件，就彷彿聲聲催促，激勵我勇往直前。即使資料、經驗及研究有限，但是在現階段仍有一些參考價值。

　　為了讓本書淺顯易懂，加入照片237張及表14份，分成5個篇章。第1章，與虎頭蜂的一段情：記述與虎頭蜂結緣經過、被虎頭蜂追著跑的真實故事、被虎頭蜂螫的滋味及戳虎頭蜂的蜂巢等。第2章，虎頭蜂的祕密：介紹虎頭蜂的親戚、神奇的蜂毒、虎頭蜂的行為及臺灣的七種虎頭蜂等。第3章，虎頭蜂的防除：記述摘除社區虎頭蜂巢的實況、研發虎頭蜂誘集器的歷程及介紹防除虎頭蜂的方法等。第4章，蜂螫的預防及處理：包括遇到虎頭蜂怎麼辦？彙整蜂螫的處理等。第5章，虎頭蜂與人類：探討虎頭蜂與人類的關係、虎頭蜂螫人事件的省思，最後呼籲要「與虎頭蜂和諧共舞」。

　　人們覺得虎頭蜂可怕，其實真正可怕的，是人們對虎頭蜂不夠瞭解。期盼「與虎頭蜂共舞——安奎的虎頭蜂研究手札」，讓社會大眾對虎頭蜂多一點認識，減少虎頭蜂螫人事件的傷亡。更希望能夠拋磚引玉，影響更多專家學者，投入虎頭蜂的研究行列。本書經再三校對，或仍有誤謬之處，企盼國內外學者專家不吝指教。

安　奎　謹識

2014年12月21日

目次

# contents

▌姬蜂（楊維晟攝）

# Chapter 1
# 與虎頭蜂的一段情

1972年日本虎頭蜂專家山根爽一博士，來臺灣做博士論文研究之際，曾請他到臺中居所作客，並摘除了一個虎頭蜂巢。因此對虎頭蜂產生一段情，永遠關懷著虎頭蜂。

# 章節摘要

**1.1** 與虎頭蜂結緣：記述山根博士摘取虎頭蜂巢的經過，與虎頭蜂結下四十多年情緣的始末。

**1.2** 被虎頭蜂追著跑：1974年作者在國立中興大學昆蟲系擔任助教期間，暑假帶領學生到南投縣關刀溪惠蓀林場實習，遭到中華大虎頭蜂攻擊，八位學生被蜂螫的真實故事。有感於對虎頭蜂瞭解太少，開始搜尋並整理相關資料，彙整成文。當年11月2日，在中央日報刊登第一篇「毒蜂與蜂毒」報導。隨之，持續蒐集虎頭蜂相關資料及媒體報導。

**1.3** 虎頭蜂的相關舊聞：1985年10月臺南縣佳里鎮仁愛國小師生，被虎頭蜂螫死傷的事件震驚全省，摘記媒體報導虎頭蜂螫人事件及相關軼聞。

**1.4** 嚴重的虎頭蜂螫人事件：回憶當年與捕蜂人赴臺南曾文水庫現場，摘除虎頭蜂巢的實況，並對陳益興師生被蜂螫事件略作描述。

**1.5** 拜訪虎頭蜂養殖場：臺灣有人飼養虎頭蜂早有耳聞，每年都有不少人喪命在虎頭蜂的螫針下，為甚麼還有人敢飼養虎頭蜂呢？2000年8月下旬，專程拜訪，概述虎頭蜂養殖的實況。

**1.6** 虎頭蜂螫的滋味：在虎頭蜂養殖場中，平生第一次被虎頭蜂螫。當了一次「白老鼠」，體驗被虎頭蜂螫的滋味，還真夠麻辣。比被蜜蜂螫更刺激、更疼痛，並且更難受得多。

**1.7** 戳虎頭蜂的蜂巢：2013年8月中旬，經過臺中市草悟道公園，看到一個直徑約15公分小巧可愛的黃腰虎頭蜂巢，輕輕戳了一下虎頭蜂巢，錄製了虎頭蜂防禦反應的過程。不料，次日虎頭蜂遭到滅巢之禍，內心甚為惆悵。戳虎頭蜂巢的影片，附於本書QR Code供大眾參閱。

# 1.1 與虎頭蜂結緣

在國立中興大學昆蟲系當助教期間，日本虎頭蜂專家山根爽一（S.Yamane）博士，1972年來臺灣做論文研究，經黃讚博士介紹和他認識。那年正巧在臺中居所，來了一巢虎頭蜂寄居。一巢虎頭蜂的不請自來，和虎頭蜂博士的不遠千里而來，促使作者和虎頭蜂結下了不解之緣。

## 1.1.1 虎頭蜂遷來寄居

虎頭蜂何時在居所後棟小樓的屋簷下築巢，從未被發覺。7~8月間隨著虎頭蜂的數量增加，蜂巢也逐漸擴大，變成一個籃球大小時，家人才警覺有可怕的虎頭蜂入侵。這群虎頭蜂從早到晚飛進飛出忙碌營生，完全無視於主人的存在，當然更不會意識到日本虎頭蜂專家的到來。山根博士不愧為專家，首次應邀造訪舍下時，進門第一眼就看出這批不速之客，正是臺灣最溫馴的「黃腰虎頭蜂」。

當年臺中居所在西區模範街，距臺中區農業改良場（簡稱農改場）不到100公尺處，該農改場於1984年遷往彰化縣大村鄉田洋村。後來才知道，居所發現虎頭蜂巢的前一、兩年，農改場新任職的方敏男學長為了研究蜜蜂，在農改場的荔枝園裡，新建了一處約有30群蜜蜂的小型養蜂場。虎頭蜂基本上是肉食性，蜜蜂是他們的主要食物來源。遷居到食物豐富的地區築巢是動物的本能，這就難怪虎頭蜂會來寄居了。

虎頭蜂選擇居所也要看風水，他們築巢的位置必須居高臨下、視野廣闊，以方便擴充覓食範圍。蜂巢附近的風勢不能太強、也不可有高大樹林，以免妨礙他們的進出。後來幾次觀察，從居所到臺中區農改場內養蜂場的路徑，證實居所位置是虎頭蜂築巢的風水寶地。萬物有靈，小小虎頭蜂選擇築巢位置時，就能彰顯生物的生存智慧，不得不佩服。虎頭蜂的睿智抉擇，卻成了我們一家人的精神負擔。每天看著他們忙碌的飛舞，更要小心翼翼的相處。生怕粗心大意招惹他們，就會有人遭受蜂螫之痛。

## 1.1.2 觀察虎頭蜂

　　除了擔心之外，這一窩蜂也勾起了我的好奇心。閒暇的時候，就在窗前盯著觀察牠們。看著看著慢慢看出一些興趣來，也看出一些疑問來。最先覺得奇怪的是，虎頭蜂從蜂巢的小小出入口中進進出出，速度很快。不論有多少隻同時起降，從來沒有發生過碰撞事故。汽車在路上都難免相撞，飛機在遼闊的天空中也偶爾會發生事故。但虎頭蜂進出頻繁又密集，卻從來不會互相碰撞，真是奇妙！是不是牠們在進化過程中演化出防撞感應器，構成天然的防撞機制？想起了最近幾家著名大汽車廠，推出汽車防撞設計，其原理是當前後汽車距離太近或有道路障礙時，車上感應器偵測到就自動減速，以避免碰撞。人類的汽車防撞設計概念，不是早就該向虎頭蜂請益了，這是我第一個「師法自然」的好奇心。

　　夏日將盡，天氣轉涼的9月。奇怪的事又來了，經常會在院子裡蜂巢外的地面上，看到幾隻變黑的蜂蛹，還有仍然在蠕動的白色幼蟲。為什麼這些蜂寶寶還沒長大就夭折了？為什麼有些還沒有斷氣就被拋棄了？……又是一連串的疑問？

　　接著進入初秋，早晚涼氣剔透，繁花似錦轉成落英繽紛。隨著蜜蜂數量的減少，虎頭蜂的食物來源不足。牠們怎麼渡過寒冷又缺食的冬天呢？這一個個心頭上的疑問，引導著我一步又一步的對虎頭蜂研究產生興趣。

## 1.1.3 專家出手

　　一天下午邀請山根博士來家便餐，請教他虎頭蜂的相關知識，也藉機討教摘除虎頭蜂巢的方法。另一個最重要的原因，是想學學如何預防虎頭蜂螫。黃昏時刻天色漸暗，是摘除蜂巢的良辰吉時。山根博士從背包中取出隨身攜帶的捕蜂裝備，一包棉花、一隻長鑷子、一瓶乙醚、一隻小鏟子、一個面罩、一個大網袋及一隻可調整長度的捕蟲網，這些裝備都各有其用。我扶著約三公尺的長梯子，他戴上面罩，爬到屋簷蜂巢下方。先用捕蟲網將幾隻遲歸的、尚在附近飛舞的虎頭

蜂迅速掃捕入網，再將浸泡了俗稱迷魂藥乙醚的棉花團，瞬間塞入蜂巢的出入口。他的動作一氣呵成，只幾分鐘就大功告成。

這時又飛回幾隻虎頭蜂，也同樣都被他請入捕蟲網。他剛接近蜂巢之際，還能聽到蜂巢中發出很大的嗡嗡聲，乙醚棉花團塞到出入口後，嗡嗡聲逐漸變悶哼，聲音越來越小，幾分鐘後變成一片悄然寂靜。山根博士估計蜂群已陷入昏迷，便用大網袋將蜂巢整個罩住，再以小鏟子把蜂巢從屋簷及牆壁上一片片剝下。蜂巢剝離後，用大網袋盛裝提下，完成了摘除蜂巢的過程。看了一下手錶，不過二十多分鐘，不愧為虎頭蜂專家。

## 1.1.4 細看虎頭蜂巢

仔細檢查摘下的蜂巢，其外巢殼部分，因用鏟子從屋簷除下，多半已經破損。外巢撥開後，內部是一層層與地面平行的巢脾，巢脾間有短柱作結構性連結（圖1.1-1）。巢脾上的巢室開口向下，一格格的巢室大部分是空的，應該是幼蟲的宿舍，部分巢室尚有一些幼蟲，或許是育嬰室。整體巢脾成橢圓形，中央巢脾較大，上方及下方的巢脾較小。蜂巢的材質像是木材纖維，外表有黃褐色及深黃土色的波紋。

1.1-1 馬賽先生用巢脾倒置放入花盆中當裝飾品，清晰可見巢脾間有短柱相連─1980年7月

▍1.1-2 山根爽一博士及作者

虎頭蜂如何把木材纖維取回？用甚麼材料將纖維黏著在一起？又如何把它們做成薄紙狀的外巢？內部最上方的巢脾如何連結在牆壁上？巢脾與巢脾之間的小短柱，要承受很大的重量，如何作特殊支撐設計。每個六角型的巢室，開口大部分朝向地面，卵及幼蟲在內，為何不會掉出來？

## 1.1.5結語

　　一窩虎頭蜂的築巢寄居，還有一位日本虎頭蜂博士的來訪，像是打開了潘朵拉的盒子，帶出一連串的好奇，也激發一連串的疑問。為了滿足好奇心，加上大膽提出問題，小心尋求答案的執著，就樂此不疲與虎頭蜂共舞了四十多年。

　　1980年在日本東京參加昆蟲學國際會議之際，巧逢山根博士，並受邀到他日本土浦老家作客。近期，又赴日專訪山根博士，數十年歲月匆匆飛逝。與虎頭蜂博士再相見（圖1.1-2），兩老均已經白髮蒼蒼隨風飛揚，談起被虎頭蜂螫的陳年往事，相談甚歡。

# 1.2 被虎頭蜂追著跑

1971年回到國立中興大學昆蟲系擔任助教，當年暑期有田野實習課程。年輕的老師們，必須輪流帶領大學三年級學生，到山野中採集昆蟲標本。實習的地點通常是谷關、大雪山及中興大學的惠蓀林場等地，兩個月內要輪換到三個地點採集昆蟲。通常由兩位老師帶隊，學生約有三十餘人，上山後在林業相關機構的招待所內借宿。

## 1.2.1 田野實習前的準備

當時有些山區還是管制區，田野實習之前，老師及學生們要先辦妥入山證。準備簡易登山裝備，包括長袖夾克、長褲、帽子、運動鞋及水壺等。自行購置採集昆蟲標本的配備，包括捕蟲網、大小管狀玻璃瓶、昆蟲保存箱、吸蟲管、昆蟲針、標籤紙、大小鑷子及小鏟子等。還要製作三角紙袋及毒瓶等。小玻璃瓶裝入酒精後，可以保存幼蟲、螞蟻及蜜蜂等，不易褪色的小型昆蟲。加入氰化鉀製成的毒瓶，可毒殺生命力較強的甲蟲類及大型蜂類等。三角袋盛裝蝴蝶及蛾類等有鱗粉的昆蟲。吸蟲管的用途，是捕捉小型而蟲體容易破碎的蟲子。小鏟子用來挖掘躲藏在土中的昆蟲。還要準備急救藥品，消炎藥膏、碘酒、OK繃及又稱阿摩尼亞的氨水等。出發前還會安排一場行前講習，說明安全須知及登山注意事項。

在下學期接近期末考之際，學生們都很興奮，期待於暑期參加實習。炎炎夏日，到空氣清新的山林與大自然為伍兩個月，是人生一大享受。暑期的田野實習，將大自然當教室，上山採集昆蟲，是學生們最感興趣的課程。老師與學生們共同生活，一起採集昆蟲標本，更能增進師生情感。

## 1.2.2 田野實習

1974年暑期的田野實習，是由吳蘭林講師及作者帶隊，第一站是南投縣關刀溪中興大學的惠蓀林場。到達第一個採集地後，大夥整天

揹著背包、拿著捕蟲網並帶著飯盒，三五成群在山野間遊蕩。一面欣賞大自然美景，一面採集各類昆蟲。對於夜出性昆蟲有興趣的學生，晚上也閒不住，帶著捕蟲燈、捕蟲網、白色布幕、蓄電池及相關裝備，在小溪畔的燈光下，採集螢火蟲及蛾類等夜出性昆蟲。有些學生晚餐後，整理日間採集的昆蟲並做成標本，在瓶子上標示採集地、採集時間及採集者，或相互研究採集昆蟲的學名、特性及特徵等。

採集幾天後，8月29日，吳老師感冒，學生們由作者帶隊。循著例行模式，早上8時左右出發，進行外出採集。惠蓀林場的山區有許多條分岔道路，通往不同的地點，隨緣選擇一條道路前進。只要經過學生們同意，大夥就會往協議的方向進行採集。當天返回時學生們都有些疲累，十餘位學生想要抄捷徑早點回去休息，但約有一半學生還留在原地，一面進行採集，一面循原路下山。

## 1.2.3 被虎頭蜂追著跑

不料，下午4~5點鐘，走捷徑的學生們約離開10~20分鐘後，將近一半狂奔而返，並大喊有虎頭蜂。定睛一看，有二、三十隻虎頭蜂凌空追擊，感覺不妙，立即大聲喊叫「大家用捕蟲網伺候」。現場的學生人人揮舞捕蟲網，與虎頭蜂混戰。捕蟲網一次捉到好幾隻虎頭蜂，捕捉後把捕蟲網捲起後甩到地下，砸死或用腳踩死。同時，聽到幾聲捕蟲網的竿子打到虎頭蜂的清脆聲，斷定虎頭蜂被打飛很遠，必死無疑。但是虎頭蜂又三三、兩兩不斷飛來，追擊不同方向的奔跑者，由於奔跑者快速的移動，成了虎頭蜂追擊的目標。虎頭蜂飛來時帶著巨大的嗡嗡聲，聲勢驚人，舞動的捕蟲網，更會招惹牠們的攻擊。

不久，一位學生跑到身邊，只說了一句「老師，我被虎頭蜂螫了。」就全身虛脫倒在作者身上。扶他躺在比較隱蔽處的草地上，看到他的太陽穴，有一個虎頭蜂的黃色腹部末節及螫針，還不停收縮，立即用隨身攜帶的小鑷子拔除。在他長長的頭髮中陸續找到螫針，總計取下八個腹部末節及螫針。拔除螫針後，當場取了背包中瓶裝的氨水，用棉花塗在螫傷部位，希望減少痛苦及傷害。因為我們靜止不動，虎頭蜂就不再追擊。也可能是虎頭蜂忙著追逐其他跑動的學生，真是幸運。經過幾分鐘後，被螫傷的學生幾乎昏迷，平躺在地上，作

者又拿起捕蟲網繼續與虎頭蜂奮戰。回憶起這段學生們揮舞捕蟲網，人蜂大戰的場面，仍然覺得非常驚悚，心有餘悸。

過一會兒，只有少數一、兩隻虎頭蜂斷斷續續飛來，虎頭蜂的攻擊好像到了強弩之末，人蜂大戰接近尾聲。此時，聽到附近一位女學生大聲叫，「老師，我也被螫到了。」問「螫到哪裡？」，女學生答「不能說。」立刻請另一位女學生扶她到樹林中，「盡快用鑷子拔除螫針」。天空已經平靜，剛才虎頭蜂的嗡嗡聲，被學生們的哀嚎取代。大多數的學生逃過蜂螫，相互扶持走回宿舍。被螫傷八針的學生，請兩位學生攙扶慢慢的往回走。到了宿舍統計結果，總計八位學生被螫傷，輕重不一，「很痛、很痛」是一致的回應聲。

## 1.2.4 向學校求援

將受傷學生安置妥當，已經是晚上7~8點鐘。趕緊向昆蟲系老師報告並請求支援，期望能派直升機把傷者送回城市的大醫院救治。當年，申請派遣直升機很困難，手機也不普遍。電話中收到昆蟲系黃讚教授的回覆，要盡快找當地的醫療單位救治。當時惠蓀林場的員工已經下班，只能聯絡到附近村落的醫護所。當機立斷，徵求三位身強體壯的學生與作者一起下山，走到最近的村落請求救援。約在晚上10點出發，經過3~4小時的山路來回，村落醫護人員住在外地，當晚無法支援。次日清晨，又請四位學生下山請求救援。附近的山地保健員攜帶相關醫療器具及藥物，來救治受傷的學生們，當下作者的心情才稍微寬解。

受傷的學生們呈現各種症狀，如臉部青腫、呼吸困難、嗓音沙啞及手臂腫脹等，甚至有脫水現象，還有些學生呈現昏睡、發熱、腫脹及虛弱等不同現象。每個人的體質不同，症狀各有差異，在床上苦熬2~3天才逐漸好轉。多喝水、多休息，啟動人體自身的免疫系統，抵抗蜂毒的侵害。用阿摩尼亞塗抹患部的學生，可能用量過多或濃度過高，皮膚似乎受到灼傷。很慶幸的是，所有學生都沒有過敏休克的現象。

## 1.2.5 中華大虎頭蜂惹禍

　　中華大虎頭蜂，不喜歡被人們干擾，通常會選擇避開人群的荒野地下築巢。可能當時學生們走的捷徑，蔓草叢生已經荒廢很久。突然有人走近的腳步聲，驚擾了地下蜂巢的虎頭蜂，才出巢攻擊入侵者。實際上，最初學生們並不知道情況嚴重，看到那麼大的虎頭蜂非常興奮，還搶著用捕蟲網捕捉，才激怒了虎頭蜂傾巢而出，發動攻擊。

　　學生們迅速的跑回，是正確的抉擇，虎頭蜂會隨者跑動的身影追擊。當學生們跑離蜂巢50~100公尺，脫離牠們的防禦距離，攻擊蜂的數目隨之減少，就減弱了虎頭蜂攻擊的力道。如果在虎頭蜂的防禦範圍內，已經有人被蜂螫，表示被虎頭蜂用費洛蒙標示，靜止不動是非常危險的，必須盡快離開現場才能活命。如果離開虎頭蜂的防禦距離，剩下少數幾隻蜂仍在追逐，躲入樹叢中然後靜止不動。讓空中追擊的虎頭蜂看不到目標，也可能會減少受害。

## 1.2.6 結語

　　第一次與虎頭蜂短兵相接，就遇到了兇猛的中華大虎頭蜂，大夥兒「被虎頭蜂追著跑」，逃離牠們的防禦範圍是正確的抉擇。幸好同學們都有帽子、長袖衣褲的裝備，還有捕蟲網在手。脫離防禦範圍後，立即進行掃捕是最好的自衛。

　　中華大虎頭蜂螫人後像蜜蜂一樣，把螫針留在皮膚上，是很難得的體驗。其他種類的虎頭蜂螫人後，都不留螫針。日本虎頭蜂教授山根博士也認為是特別的現象，學生頭上的黃色腹部末節及螫針，是作者親手拔下，記憶猶新。特別請教經驗豐富的郭木傳教授，他的經驗是中華大虎頭蜂螫人後，有1/3會留下螫針。為甚麼會留下螫針，原因有待探討。

　　這次虎頭蜂的螫人事件，學生們展現了互助互愛、共渡難關的精神。被虎頭蜂螫傷的同學們，福大命大，全部躲過了劫難。目前在社會上都有優異的表現，頗值得欣慰。但遺憾的是，一起領隊的吳老師英年早逝，無法看到學生們的成就。在此特別緬懷吳老師。

# 1.3 虎頭蜂的相關舊聞

1974年8月在惠蓀林場，第一次「被虎頭蜂追著跑」，發現對虎頭蜂瞭解得太少。開始蒐集虎頭蜂的資料（圖1.3-1），撰寫了第一篇虎頭蜂的專題「毒蜂與蜂毒」，刊登於中央日報。從此斷斷續續，蒐集虎頭蜂的相關資料及文獻。

除了「嚴重的虎頭蜂螫人事件」令人震驚，有專節記述之外。還有許多虎頭蜂的相關舊聞，摘錄18則。可以看到四十年來，消防隊員、義消、生態保育者、動物學者專家、捕蜂人、急診室的醫生們、無辜的受害者及罹難者等，與虎頭蜂點點滴滴血淚交織的關係。

▌1.3-1 作者與虎頭蜂舊聞

### 1.3.1 毒蜂與蜂毒

1974年11月2日安奎專題報導。中央日報。…攻擊時，分泌特殊氣味以為信號，引出蜂群齊上，嗡嗡之聲如戰鬥機群，聲勢驚人，銳不可擋。（圖1.3-2）

### 1.3.2 蜂毒矜貴價倍黃金，穴位注射可治風濕

1984年11月29日香港大公報。中國連雲港蜂療研究室主任房柱醫師，介紹蜂針療法，包括原始的蜂螫、較近期的蜂毒製劑注射及外用和針劑結合起來的蜂針治療，以上三項均為病人樂意接受的治療方法。但是病人接受治療前，必須先做蜂毒過敏測試。（圖1.3-3）

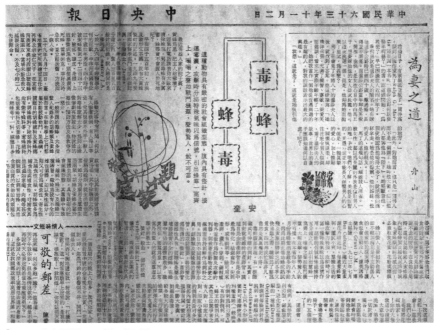

▌1.3-2 中央日報1974年11月2日

▌1.3-3 香港大公報1984年11月29日

### 1.3.3 民眾研製虎頭蜂解毒液，願將資料供中研院參考

1985年11月1日新聞報導。臺中市民莊為縣利用業餘時間，協助民眾摘虎頭蜂巢，為民除害。並取下其毒液製成「解毒液」，…，10月31日函請中央研究院生化組教授何純郎，表示願提供一切資料進行研究。…莊為縣取得藥劑科檢覈及格，目前開設藥局。…他五年餘摘除虎頭蜂巢已有一百巢以上，捕獲的虎頭蜂超過十萬隻。捕獲的虎頭蜂帶回家後，將蜂尾的毒針取出，浸在高梁、石精混合液中一年左右，即為解毒液。據他估計，一百隻虎頭蜂的毒液，稀釋五倍左右才有100cc解毒液。他或友人在摘虎頭蜂巢，不慎被螫傷時，均內服、外敷此液，半小時即可消腫解毒。

### 1.3.4 搗蜂巢遭受狂叮，竟然治癒關節炎

1992年2月13日新聞報導，喬治‧法默是個飽受關節炎之苦的男人，他家在美國康涅格特州的漢佛特市。因關節炎，他的一腿已致殘，成了瘸子。而且，三十年來，他一直為關節疼痛而痛苦不堪。一天，他偶然搗了一個蜜蜂窩，一剎時，憤怒的蜜蜂圍住了他，叮滿他的全身。…喬治身上幾乎每個地方都叮上了蜜蜂，…全身腫脹，臥床不起。第二天，當腫脹初步消退，全身的關節竟然不痛了。喬治的遭遇，可以說是「因禍得福」這句成語的生動寫照。（引自中華日報）（圖1.3-4）。

▌1.3-4 中華日報1992年2月13日

### 1.3.5 南仁山虎頭蜂巢本應保護，卻燒毀了

　　1992年10月22日新聞報導。…恆春消防隊搜尋了5個小時，找到墾丁國家公園內的虎頭蜂巢，予以毀滅。但是墾丁國家公園管理處為了保護生態完整，曾決定不予摘除。由於對消防隊的舉動毫不知情，墾管處已為此事行文警方，要求今後有類似行動，應知會該處。…南仁山附近，常有虎頭蜂螫傷遊客或致死的慘劇。民眾曾多次要求墾管處摘除蜂巢，墾管處發現蜂巢位於生態保護區內，為了保存生態完整，決定不予摘除。…南仁山是本省野生動物的淨土，墾管處也擔心虎頭蜂巢摘除後，遊客更無顧忌擅自進入保護區，對生態破壞更大。（引自聯合晚報）

### 1.3.6 採自臺灣的黑腹虎頭蜂（*Vespa basalis*）巨型蜂巢

　　1992年山根爽一，在臺灣中部埔里郊外採集的黑腹虎頭蜂成熟巢，可能是世界記錄最大的虎頭蜂巢。蜂巢卵形，重量超過30公斤，直徑65公分、高95公分，全體被外殼覆蓋，巢頂呈圓錐形。…巢的出入口，形狀都是長形裂口有1×17公分。…蜂巢內部有15個圓形巢脾，總計40,000多個巢室。

### 1.3.7 苗栗虎頭蜂肆虐，34人遭螫傷

　　1999年8月1日新聞報導。苗栗縣泰安鄉溫泉附近，發生虎頭蜂攻擊遊客事件，50多名上山看瀑布的民眾，被虎頭蜂群集攻擊，造成34人受傷，其中還包括救援的員警和義警。…苗栗縣緊急醫療網獲報案之後，隨即動員各醫院救護車和山青，趕往救援。…據救援人員表示，現場距泰安溫泉停車場，大約兩公里約40分鐘的路程，當遊客在溯溪時，遭到虎頭蜂突襲。一車車的傷患，由現場送到苗栗協和及大千醫院急救，…這次虎頭蜂攻擊意外事件，包括新竹漢昌科技公司自強活動的員工，以及趕赴現場救援的三名員警。目前已無大礙，至於遭虎頭蜂攻擊的原因，相關單位還在調查瞭解中。

### 1.3.8 婦人想死被蜂螫，疼痛難忍忙求醫

2001年10月4日新聞報導。雲林縣西螺鎮有一名婦女，因為丈夫在中國大陸另結新歡，家人也不關心她，萌生自殺念頭。跑到西螺廣興國校附近一處甘蔗園準備自殺，不料被虎頭蜂攻擊。婦人憤而拿棍子打蜂巢，反而被蜂螫了十幾針。痛到受不了，跑出甘蔗園求救，所幸送醫院急救後無大礙。讓人不知道，救他一命的算不算是虎頭蜂。

### 1.3.9 黃腳虎頭蜂繁殖場，品種稀有可賺大錢

2001年12月29日新聞報導。桃園縣蘆竹鄉，幾乎每位村民住家的屋頂，都有個超大虎頭蜂巢，是黃腳虎頭蜂巢。村中小孩見怪不怪，從容的從旁走過，變成相當特殊的景象。…一隻黃腳虎頭蜂就有10塊錢的身價，一個蜂巢價值上萬元。泡成藥酒，可帶來可觀的財富，

### 1.3.10 蜂禍，虎頭蜂螫人1死2命危

2002年11年19日新聞報導。臺北榮總近來接獲十多起虎頭蜂螫人意外，已造成一死兩命危的悲劇。十多起案例集中在新店、安坑山區，十多位民眾並沒有攻擊虎頭蜂窩，只是經過警戒範圍，即遭圍攻。…臺北榮總毒物科主治醫師蔡維禎表示，以往一年虎頭蜂螫傷個案僅三、四例，但這一、二個月來一連接獲近二十起。死亡個案是三十歲的年輕人，與朋友到山區採草藥遭黑腹虎頭蜂圍攻。當時他逆風往山上跑，等到朋友到山上救援時，已被螫一百多包，昏倒在山頂。送到醫院，不到一天宣佈死亡。…一名患者是臺電工人，吊在電線桿上的半空維修時，遭虎頭蜂圍攻，進退不得，活生生被叮昏在電桿上。就醫時已經休克，醫院置換全身血漿，連日洗腎，挽回一命。另一名年輕人被虎頭蜂螫了三百多包，置換全身血漿，仍有生命危險。遭虎頭蜂螫後，若不能搶時送醫，一但引發過敏性休克，溶血反應。患者可能幾分鐘內，因低血壓而昏迷死亡。（引自中時晚報）

## 1.3.11 養虎頭蜂螫死人，何明宗判刑八個月

2003年3月26日新聞報導。男子何明宗為了取得虎頭蜂泡製藥酒，把野生虎頭蜂巢掛在高雄縣岡山鎮住處後面樹枝上飼養。因疏忽未設置安全保護措施，造成蘇姓鄰居被虎頭蜂螫死。何明宗犯後否認犯行，態度惡劣，又未與被害人家屬達成和解。…高雄地院依過失致死罪，判處何某八月徒刑。（引自中時電子報）

## 1.3.12 教授被虎頭蜂螫，心肌梗塞亡

2003年8月9日新聞報導。東海大學建築系教授洪文雄，在校內教師宿舍整理庭院時，被兩隻虎頭蜂螫，引發休克反應。送臺中榮總救治7天，不幸死於急性心肌梗塞，享年61歲。臺中榮總毒物科主任洪東榮指出，洪教授的死是否與蜂螫有直接關連，他不敢就此論斷。但被虎頭蜂螫後引起的過敏反應、休克、呼吸衰竭等症狀，可能讓洪教授承受「不可承受之重」。…洪教授1日被送到臺中榮總急救時，已呼吸衰竭。打了強心針、抗過敏針、插上氣管內管後，第二天情況好轉。但是拔管沒多久，出現肺水腫呼吸困難症狀，又立刻為他插上氣管內管。7日上午在加護病房內，再為洪教授拔管，當時他的情況非常好。幾小時後出現急躁不安的情況，要求自己去上大號。為了安全起見，讓他在床上方便。沒想到竟然因用力解便，導致急性心肌梗塞，急救兩小時後宣佈死亡。洪東榮指出，7月迄今，臺中榮總共接獲四起被虎頭蜂螫後，引起急性過敏休克反應送醫救治的病例。這是以前未見過的現象，為什麼這四人反應這麼強烈，他推測可能與過敏反應越來越強烈有關。（引自自由時報）

### 1.3.13 虎頭蜂螫治感冒？醫師建議勿輕信偏方

2010年12月6日新聞報導。衛生署提供的免費感冒疫苗嚴重缺貨，中南部不少人打不到疫苗。竟然聽信來源不明的民俗療法，讓虎頭蜂螫一下，也能預防感冒。專業醫生大為緊張，勸大家千萬別亂嘗試。這種方法不但不保險，還可能要人命。

### 1.3.14 虎頭蜂螫死1歲娃

2011年9月19日新聞報導。上週才滿一歲的女娃黃悅，被就讀國小的姑姑、表姊抱到家中二樓空屋玩耍。因天熱打開窗戶透氣，窗外一窩虎頭蜂受驚，飛進屋內。幾人衝下樓求救，只留黃娃在床，遭蜂螫傷不治。黃娃的阿嬤認為，醫院未積極搶救。…臺大新竹分院副院長楊宏智澄清，黃娃到院時已經休克、四肢發黑、血壓降低、呼吸變快、體溫升高。醫院立即給予氧氣及大量點滴，並施打類固醇及組織胺等抗過敏針。兩小時後情況仍然危急，醫生為她插管。由於身體的體積小，較無法承受蜂毒，晚上9點多全身器官衰竭不治。…新竹市光復消防隊昨晚已拆除「元兇」虎頭蜂巢，交警方帶回當證物。（引自聯合報）

### 1.3.15 工人嚴重過敏死亡

2013年8月8日新聞報導。住宜蘭縣三星鄉的四十七歲吳姓工人，昨天在礁溪鄉林美山上的淡江大學蘭陽校園，戴了網罩的防護帽、身前披圍裙，以割草機割除雜草時，被虎頭蜂螫傷。除草約一小時後，吳姓工人突然手搗著頭，告訴同伴被蜂螫到頭很痛。吳先生話說完不到兩分鐘，就口吐白沫倒下失去意識。…同伴們將吳先生火速送陽明大學附設醫院，急救將近兩小時仍回天乏術。吳先生三個月前亦曾遭蜂螫，醫師研判因此造成嚴重過敏而致命。…陽明大學附設醫院急診室資深主治醫師劉世偉說，蜂螫最怕的就是過敏反應，如果曾被螫傷過，體內對蜂毒的蛋白質產生抗體，萬一再遭蜂螫，就會有嚴重的過敏反應，幾分鐘內就會休克。（引自中央通訊社）

## 1.3.16 中國的殺人蜂事件頻發引起恐慌

2013年9月29日陝西省安康市政府。在過去3個月裡,當地已有至少19人被胡蜂螫死。致命胡蜂中有可能包括世界上體型最大的中華大虎頭蜂,而安康市顯然是最近一輪蜂災的傷亡重災區。…據美國有線電視新聞國際公司網站,9月27日報導,當地官員表示,從7月1日至今,安康市總共有583人被螫,目前仍有70名患者在醫院接受治療。…本月早些時候,廣西有29人在一次胡蜂螫人事件中受傷,傷者中包括22名6~8歲小學生。老師李志強叫學生們躲在桌子下面,自己驅趕胡蜂,直至被螫不省人事。絕大多數傷者,螫傷都在頭部、頸部和手腳處…。

美國大西洋月刊網站9月27日報導稱,今年夏天,大量黃蜂襲擊陝西省。中國廣播網的當地新聞稱,已有至少21人螫傷死亡,230餘人受傷。英國衛報報導,…該市螫死的人數超過2002年至2005年的年均數量兩倍。

受傷人數為何上升?陝西省林業廳說,由於氣候變化,亞洲大黃蜂(中華大虎頭蜂)的數量猛增。僅在幾年時間內,安康市冬季的平均氣溫就上升了1.10℃,使得更多的大黃蜂在冬季存活下來。氣溫上升也是另一種致命的胡蜂,襲擊韓國和歐洲的原因,氣候變化給中國農村地區帶來的破壞更加直接。一名昆蟲學家說,被中國大黃蜂螫刺的感覺「就像一根熱釘子穿過大腿」。牠們飛得很快,時速可達41公里。牠們還是地球上最大的大黃蜂,有的5.5公分長。

## 1.3.17 未通知摘虎頭蜂巢,捕蜂達人遭報警

2013年11月17日新聞報導。摘除蜂巢的高手新竹縣橫山鄉民林木兆表示,這次前往山區捕捉虎頭蜂,是有民眾告訴他,在關西鎮玉山里進行石坡崁施工時,工人被螫傷。…因此利用晚間虎頭蜂防衛較弱時,摘除蜂巢。…但是事前沒通知地主,引發地主哥哥不滿而報警。…原本是義務摘除蜂巢,差點釀成糾紛。最後是以賠償鋸樹木費用,並將上千隻已浸泡米酒的虎頭蜂,送給地主哥哥達成協議和解。

林木兆表示，有了這次的經驗，未來更會做好萬全準備，並通知相關的人，避免再度發生糾紛。（引自客家電視臺）

## 1.3.18 蜂螫休克撞車，救護員2針搶回命

　　2014年5月12日新聞報導。50歲邱姓工人上週在臺7線49公里處施工，被一隻虎頭蜂叮咬，頓時頭暈且不斷嘔吐…桃園縣消防局巴陵分隊出動…抵達時發現邱男倒臥在駕駛座上，血壓及血氧值過低、脈搏過快且全身盜汗、臉部紅腫昏迷。…消防隊員黃鉅翔推斷是過敏性休克症狀，先緊急施打腎上腺素，…轉送國軍桃園總醫院救治。轉診途中邱男狀況不見好轉，黃鉅翔決定再施打1劑腎上腺素，…約10分鐘後，…生命徵象才逐漸回穩，…抵達國軍桃園總醫院前，已經可以起身向救護人員答謝，…巴陵消防分隊長胡賢金表示，黃鉅翔是分隊唯一的高級救護員，有施打注射許可藥物的資格，…呼籲民眾若遭蜂螫，千萬不要逞強自行醫治，要趕緊通報消防人員到場救護。（引自自由時報）

# 1.4 嚴重的虎頭蜂螫人事件

　　1985年10月臺南縣佳里鎮仁愛國小師生，被虎頭蜂螫死傷的事件，震驚全省，讓學術界更感到遺憾。郭木傳及葉文和教授在1987年的報告中，提及研究虎頭蜂已經進行六年，但因為受到地域、時間及經費限制，無法完成臺灣產胡蜂的全部調查。兩位教授感慨：「日本學者的研究報告不少，但是進行本土研究工作時，仍然覺得有關生態方面的資料太少。」因此，他們發表虎頭蜂的報告，對生態部分做詳細記述，並且用彩色圖片介紹虎頭蜂類的外型及蜂巢，使大眾易於識別。

　　臺灣研究虎頭蜂的資料不足，見2004年10月份中國時報，一篇許涵溥記者撰寫的「誰在研究紅火蟻？」提及一段與虎頭蜂研究的故事。節錄如下：「…任職於中研院生化研究所的研究員何純郎，…傑出研究成果的背後，有一段十分發人省思的故事。原來當年何研究員曾與某前臺大醫學院院長一起討論，如何開始進行虎頭蜂領域之研究。前院長的回答是：臺灣現在連有幾種虎頭蜂都搞不清楚，根本沒辦法做。…何研究員當年憑者一股對本土科學強烈的使命感，執意進行相關的研究。但果然不出前院長所料，何研究員遇到瓶頸，沒有人會辨別虎頭蜂的種類。如果連種類及學名都不清楚，要如何研究？論文又如何發表？幸好，當年有人及時推薦了一位臺中農試所擅長辨識虎頭蜂種類的技工，解決了不知學名的困擾。」臺灣虎頭蜂的相關文獻太少，研究的學者也不多。實務上，民眾對於虎頭蜂的認知，也需要更多的啟發與引導。

## 1.4.1 虎頭蜂螫人引起社會震撼

　　1985年10月26日中午，臺南縣仁愛國小六年級乙班及戊班學生，由陳益興及郭木火兩位老師帶領，到曾文水庫踏青。不幸在4號橋前行約1小時40分鐘處，慘遭一群虎頭蜂圍攻。學童吳碧英當天死亡，接著陳益興老師死亡，14人重傷、16人輕傷，學生林怡君延至11月11日不幸死亡。陳老師為了保護學生，奮不顧身被虎頭蜂螫。送到臺南

▎1.4-1 捕蜂專家羅錦吉先生著裝　　▎1.4-2 捕蜂衣內部的祕密

醫院時，全臉、背部、頸部、頭部都有蜂螫痕跡，全身共計八百多個針孔。腹部腫脹，全身發黑，經膜透析抽血，血液發黑。表示毒素已經擴散到全身，且肝功能衰退、缺氧、缺血，導致心臟停止，極為悲慘。陳益興老師的意外事故，是臺灣最嚴重虎頭蜂螫人的慘劇。

　　陳老師生於民國35年10月31日，除了是國小教師外，還擔任救國團義務幹部長達14年。先後擔任臺南縣七股鄉團委會服務員及活動組長，佳里鎮團委會服務員及活動組長等職。每年寒暑假，帶領青年朋友活躍於山區或水濱。先後獲得救國團頒發，三等、二等青年服務獎章及三等勞績獎章。預定在10月31日參加救國團團慶，接受救國團義務幹部的最高榮譽「一等青年服務獎章」。陳益興老師無法親自領獎，僅能由救國團派代表在他的靈堂哀悼獻上獎章。摘記相關媒體報導如後。（引自聯合報）

　　1985年10月31日新聞報導。…行政院長俞國華昨天派第六組長龍書祁，攜帶慰問金及慰問函，到臺南縣慰問陳益興老師遺屬。…臺灣省議會部分議員…；二十七位僑選立委昨天聯合捐款…；中視「愛心」專戶及華視文教基金會…陸軍官校教授陳蘭萍表示，…願意免費為陳益興老師塑造銅像。臺南保利化學公司董事長許文龍昨天也表示，將負擔陳益興五名遺孤的全部教育費用，直到大學畢業。（引自聯合報）

　　1985年11月3日新聞報導。由於虎頭蜂帶來的驚恐，臺北市消防大隊最近幾天連續出擊，累計達百餘次，…包括康定路、中山南路、芝山路…及北投8地區的虎頭蜂窩，均遭肅清。…消滅了不少虎頭蜂。

　　1985年11月29日新聞報導。臺南縣仁愛國小遭虎頭蜂螫傷的師

▌1.4-3 穿著防護衣上半身及頭套 ▌1.4-4 手持捕蟲網，整裝完畢

生…臺灣省政府主席邱創煥指示教育廳，立即派員前往慰問陳益興老師遺屬，並致贈慰問金。…銀行文化慈善基金會捐款…做為遺孤獎學金。許多不願表露姓氏者，紛紛捐款。…臺南縣長楊寶發，昨天攜款到陳老師家致慰問。並贈款…慰問受螫傷不治學生吳碧英的家屬。

## 1.4.2 摘除虎頭蜂「兜巢」

　　1985年10月31日中央日報記載。本月26日下午，在曾文水庫襲擊仁愛國小師生的虎頭蜂窩，昨日由捕蜂專家羅錦吉等三人捕捉帶回埔里鎮。…羅錦吉說在野外遭虎頭蜂追擊時，跑到距離現場一百公尺以外，或躲進陰暗的樹叢內，即可避免蜂螫。…如果在郊外誤觸蜂巢時，最好的方法是迅速逃離現場。…千萬不可以趴在地上，這種動作是最危險的。

　　羅錦吉（圖1.4-1）及夥伴們，10月29日清晨6時從埔里出發，抵達現場已經是下午4點多。當時作者與民生報沈應堅記者及攝影小組也趕往現場，共同參與。羅先生及夥伴把摘巢裝備從車上搬下後，開始著裝。下半身先行穿上特厚的塑膠質料衣褲及長筒雨鞋，捕蜂時還得把雨褲的褲管在足踝處圈束，再穿上雨鞋。上半身穿雨衣，雨衣內另外加三片海綿層（圖1.4-2），可隔熱又可增加防護的厚度。雨衣外面一層，用紗布特別縫製一個頭罩，包住斗笠，並穿有鬆緊帶縮袖口的上衣。著裝時由袖口開始倒穿防護衣上半身，及連頭上的斗笠一起罩住的頭套（圖1.4-3）。最後戴上厚厚的手套，才算完成著裝（圖1.4-4）。

▌1.4-5 民生報錄影小組的防護罩

沈記者的攝影小組，從車上搬下相關器材，找到安全地點架設錄影機。錄影機備有大型的防護罩（圖1.4-5），其實是大型蚊帳架成的網罩。作者、沈記者及攝影人員等，也都穿上綠色紗網做成的防護衣（圖1.4-6），一切準備妥當。

▌1.4-6 沈應堅記者的 ▌1.4-7 掃捕的虎頭蜂浸入酒袋中
防護衣

虎頭蜂巢掛在樹梢高處，羅先生及夥伴剛開始爬樹，緊張的場面隨之而來。因為爬樹的動作觸動了懸掛蜂巢的樹幹，虎頭蜂立即一波波飛出，攻擊羅先生及夥伴。羅先生一面爬樹，一面用手中的捕蟲網掃捕近身的虎頭蜂。掃捕後交給夥伴，隨即浸入隨身攜帶的酒袋中（圖1.4-7）。因為爬樹動作，不斷震動樹幹，更激怒虎頭蜂不停地出動攻擊（圖1.4-8）。

▌1.4-8 羅先生及夥伴接近樹上的蜂巢

約經過10分鐘左右，攝影小組也成為攻擊對象。攝影小組人員大部分躲進大型防護罩內，只露出錄影機鏡頭。目睹虎頭蜂一隻接一隻遠從50~60公尺外的空中蜂巢，直飛

▌1.4-9 鋸下蜂巢並用繩索垂下 ▌1.4-10取回虎頭蜂巢大功告成

而下聲勢驚人。所有人都神經緊繃，由於攝影機鏡片反光成為吸引虎頭蜂攻擊的焦點，虎頭蜂瞄準黑色的攝影機及相機猛烈攻擊。此外，快速移動的物體，也是虎頭蜂攻擊的目標。一位用相機拍照的工作人員，見一兩隻虎頭蜂飛來，原來不以為意。一轉眼又來了7~8隻虎頭蜂，嚇得趕緊跑進防護罩中。分秒之差，躲過了一劫。

　　作者把相機收到防護罩中，站立不動，達到隱形目的。再伺機把相機鏡頭從小開口中伸出，才留下了許多精彩影像。羅先生及夥伴愈接近蜂巢，虎頭蜂的攻擊愈瘋狂。羅先生摘蜂巢時，一定要戴太陽眼鏡，以防毒液射眼。羅先生及夥伴約花1個多小時，才把蜂巢連樹枝一起鋸下，並用繩索垂吊下來（圖1.4-9）。取回虎頭蜂巢大功告成（圖1.4-10），樹幹上仍看到殘留無家可歸的虎頭蜂聚集（圖1.4-11）。這巢虎頭蜂約有一萬隻虎頭蜂，夠泡400~500瓶虎頭蜂酒。返回埔里，已經是次日清晨3時左右。

▌1.4-11 樹枝上無家可歸的虎頭蜂

▍1.4-12 用大鐵絲網架運送虎頭蜂巢

▍1.4-13 臺博館展出的虎頭蜂巢

▍1.4-14 作者解說

### 1.4.3 虎頭蜂在臺北展出

　　赴臺南參與摘除虎頭蜂巢後，在11月初運回臺北（圖1.4-12）。自1985年11月10日在省立臺灣博物館展出半個月（圖1.4-13）。省立臺灣博物館現在已經改名為國立臺灣博物館，坐落於臺北市228紀念公園內。

　　在博物館二樓動物組展覽室，佈置虎頭蜂展覽時，同仁們對虎頭蜂都有所畏懼，不敢接近。看到作者把虎頭蜂巢搬來搬去，在展覽櫥中走進走出，慢慢地也不再懼怕。因為蜂巢中的成蜂都被除去，運到博物館後，巢脾中僅殘存數十個蜂蛹逐日羽化。剛羽化的成蜂並沒有攻擊性，同仁們逐漸習慣牠們，進入展覽櫥中協助餵食或攝影。到11月24日，蜂蛹已經全部出房，展覽停止。展覽期間，由作者解說虎頭蜂的習性（圖1.4-14）。

## 1.4.4 螫人事件的後續關懷

虎頭蜂螫人事件發生後，媒體陸續有虎頭蜂相關報導，摘記如後。

1985年11月1日新聞報導。…美國過敏症學會中的「昆蟲過敏症委員會」對蜂螫的急救，提出具體的建議。

1985年11月3日新聞報導。傳統方法殺不盡虎頭蜂，以毒攻毒可以斬草除根，防治之道尚待生化學者下功夫。…國內過去對蜂毒的研究付諸闕如，現在要做研究，得從頭做起。問題是誰願意做？這份工作太艱苦，是個大挑戰。何況，還不知哪個單位可以支援這些研究。…中研院動物所長周延鑫分析，用病毒或細菌，讓毒蜂病死滅種的可行性。他指出，德國人很早就研究出使害蟲生病的「蘇力菌」。大量培養這種病菌後，灑在田間，產生滅蟲奇效，此法可用於毒蜂身上。問題是，國內對毒蜂過去毫無研究，只有中研院化工所何純郎做了些蜂毒分析。卻因無法鑑別毒蜂種類，使研究無法順利進行。在此情況下，要對毒蜂「下毒」，就十分為難了。…臺大植病學系教授徐爾烈指出，因都市化結果，使得人們越來越侵犯到毒蜂的原始生活領域，「短兵相接」的機會就增多。毒蜂不主動襲人，但切忌受到騷擾。如果人類騷擾毒蜂的機會與日俱增，而蜂群也因自然繁衍的結果。使得蜂巢無處不在，則毒蜂將永遠成為人類的威脅。不論就學術上，或就實務上，毒蜂都是值得研究的課題。不知哪個單位能主動出擊？（引自聯合報）

1985年11月10~18日安奎。中國時報。臺南縣仁愛國小師生郊遊慘遭毒蜂之災…為了使讀者能夠對虎頭蜂有個完整、有系統且比較深入的認識。臺灣省立博物館動物學組長安奎博士，特別為大家撰寫一系列精采而珍貴的報告，九天連續刊登。

1985年11月11日新聞報導。臺南縣仁愛國小陳益興老師，為了救遭虎頭蜂襲擊的學生而犧牲性命。使「虎頭蜂」成了臺北市各小學校園裡的關心話題。…臺大昆蟲研究室副教授楊平世在國語日報文化中心，以幻燈片和標本，幫助二百餘名小朋友分辨虎頭蜂與蜜蜂的不同，並認識虎頭蜂的特性。…特別提醒小朋友，…如果遭虎頭蜂侵襲，…最好忍痛以最快的速度，離開虎頭蜂的勢力範圍。（引自聯合報）

嚴重的虎頭蜂螫人事件之後，引起廣大社會的震撼及關懷。由各大媒體持續報導，可以看到各個領域專家的不同觀點。

## 1.4.5 結語

羅錦吉先生是在報紙上，獲悉佳里鎮仁愛國小師生遭虎頭蜂襲擊事件，引發遠赴臺南曾文水庫除害之念。由於路途遙遠，路況不明，邀請弟弟羅錦文及友人陳添旺同往。三人到達曾文水庫虎頭蜂螫人的地點時，發現木棉及山麻樹上，各有一個虎頭蜂巢。將其中較大的虎頭蜂巢摘下後，天色已經昏暗，無法繼續摘除較小的蜂巢。摘下的巨大蜂巢，有4尺寬4尺長。運回埔里的消息傳出後，埔里鎮中峰國小師生湧入羅宅。除參觀虎頭蜂巢外，並請講解如何預防虎頭蜂螫。作者為了讓臺北市民也能認識虎頭蜂並注意防範，希望運到臺北展出，羅錦吉等人欣然同意並捐贈。

1985年11月6日新聞報導，楠西鄉民胡國柱等六人，摘了另外一個蜂巢。在臺南市南都戲院前展示3天，…11月5日由林輝林老師及家長王振芳，專車載運到仁愛國小的校司令臺前展出，全校師生及家長紛紛圍觀…。兩個不同的虎頭蜂巢都被摘除，到底哪一巢虎頭蜂是真正肇禍的兇手，哪一巢是無辜的犧牲者，或是兩巢的虎頭蜂都脫不了關係，值得玩味及思考。

國立臺灣博物館是自然史博物館，對於動物、植物、地學及民俗文物等，有蒐集、典藏、研究、展覽及推廣教育的功能。藉這次「嚴重的虎頭蜂螫人事件」，主動辦理「虎頭蜂特展」，無非是想加強宣導預防虎頭蜂螫的知識，期望以後減少類似慘劇再度發生。

# 1.5 拜訪虎頭蜂養殖場

　　臺灣有人飼養虎頭蜂早有耳聞，雖然每年都有不少人喪命在虎頭蜂的螫針下，為甚麼還有人敢飼養虎頭蜂呢？這個疑問放在心中很久，早就想拜訪虎頭蜂養殖場。在2000年8月下旬一個晴朗的天氣，攜帶相機及防護裝備，前往嘉義縣曾先生的虎頭蜂養殖場（圖1-5.1）。希望瞭解養殖場的實際運作，同時拍攝一些虎頭蜂的照片。養殖場的主人，基本上是謝絕所有的訪客。能夠獲得應允拜訪，非常榮幸。

▌1.5-1 虎頭蜂養殖場的曾先生與作者

▌1.5-2 唯一的黃腳虎頭蜂巢　　　　▌1.5-3 三個蜂巢掛在一棵樹上

### 1.5.1 虎頭蜂的養殖場

　　養殖場是一個約二百多坪的果園，飼養的是黃腰虎頭蜂。為了防止閒人闖入，入口處飼養了6~7隻大型狼犬。走進養殖場，看到虎頭蜂巢懸掛在整修過的樹枝上，滿天穿梭飛舞的虎頭蜂正在忙進忙出。數十個虎頭蜂巢在同一個區域出現，真是大開眼界，覺得不可思議！長年與蜜蜂為伍，偶而也會遇到虎頭蜂。但是，一下子看到這麼多的虎頭蜂在四周圍繞，加上狼犬吠聲不斷，還是渾身冒起雞皮疙瘩。虎頭蜂兇猛，為甚麼有這麼勇敢的人飼養虎頭蜂呢？虎頭蜂有較強的領域性，幾十巢的虎頭蜂飼養在一個區域內，如何和平相處呢？世界上還有其他國家，有人飼養虎頭蜂嗎？同時，腦海中不斷湧起一連串的問號？

　　曾先生出生農家，日治時代祖父務農，以飼養蜜蜂為副業。目前仍然持續飼養中國蜂，每年飼養的蜂群維持在80~100箱。虎頭蜂是養蜂場的敵害，為瞭解決蜜蜂敵害的問題，曾先生對虎頭蜂行為也有深入的研究及瞭解。大約在十餘年前，開始摘除虎頭蜂巢，以解決虎頭蜂對人們的威脅，摘下的虎頭蜂巢養在後院。由於虎頭蜂巢取得不難，虎頭蜂泡酒很受民眾喜好，曾先生開始大量飼養虎頭蜂。

### 1.5.2 如何飼養虎頭蜂

　　每年6~7月份的黃腰虎頭蜂巢，約有拳頭大小。曾先生在這段期間，四處尋找虎頭蜂巢，摘回後掛到後院的小樹上飼養。虎頭蜂會自動覓食，不需要人工餵飼，也不需要特別照顧。只要附近有清潔的水

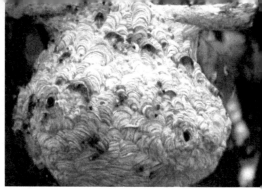

▌1.5-4 虎頭蜂巢之間相距約一公尺 ▌1.5-5 蜂巢與樹枝相連處加厚

源，虎頭蜂就能順利繁殖。如果有人通報住家附近有虎頭蜂巢威脅，他就義務摘取蜂巢。曾先生每年都會飼養40~50巢的虎頭蜂，飼養最多的一年，約有120多巢。2000年開始新的嘗試，飼養一巢黃腳虎頭蜂（圖1-5.2）。這種虎頭蜂比較兇猛，掛在另外一個隔離的區域。同一個養殖場中，同時飼養兩種虎頭蜂，更讓人詫異。通常兩種虎頭蜂的領域競爭問題會很嚴重，會相互干擾或攻擊。控制得當，才能相安無事。

　　虎頭蜂養殖場原先是一片果樹園，果樹之間相距3~4公尺不等，果樹的枝幹部分剪除。每株果樹上懸掛2~3個蜂巢（圖1-5.3），一個個蜂巢懸吊在大約一人高的樹枝上。蜂巢與蜂巢之間約有一公尺距離（圖1-5.4），以確保互不干擾。8~9月份溫度適宜又食物充沛，是虎頭蜂群的快速繁殖期，蜂巢迅速增大，蜂隻數目快速繁殖。許多虎頭蜂一組一組的分成小區，在蜂巢的外表築造外巢，先築造一層2~5公分半圓凸起的小外巢。小外巢造妥後，把小外巢的內部巢面咬開，使內外相通，蜂巢內部空間擴大。一小區、一小區逐漸擴大，同一時間有好幾組虎頭蜂同時施工。只要築巢材料不斷，蜂巢擴大的速度很快。蜂巢上方與樹枝連接處，也要增加厚度，以加強承受力（圖1-5.5）。

　　黃腰虎頭蜂大多數棲息在都會區，喜好與人們為伍。人們活動較多的區域，牠們築造的蜂巢就略高。人們活動較少的地區，築造的蜂巢就略低，或是築造在小樹叢裡、雜草中、地面上。牠們的蜂巢與人們的活動範圍，總是要保持一段適當的距離，以免干擾人們的活動。每年8~10月發生虎頭蜂螫人事件後，被消防隊員摘除蜂巢，並且上電視示眾的多半是牠們。而棲息在山林區的黑腹虎頭蜂及中華大虎頭蜂，螫人致死的案例最多，卻因為摘巢不易，大多數逍遙法外。又證明瞭一句成語「人善被人欺，馬善被人騎」。

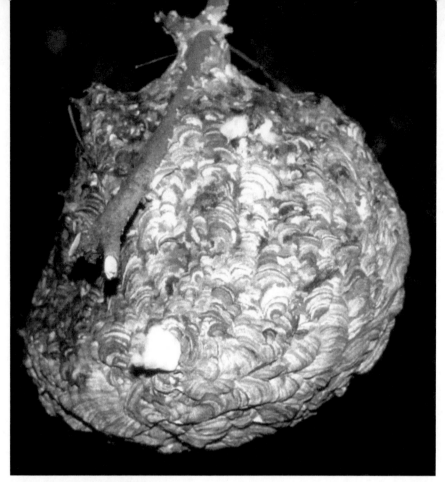

▎1.5-6 蜂巢經過處理很容易取下

### 1.5.3 製作虎頭蜂酒

　　每年10月份，是曾先生虎頭蜂養殖場的收成季節。利用夜間，先用棉花把掛在樹上的虎頭蜂的出入口塞住，再用比較厚的大塑膠袋包起，放到大門外的燈光下。曾先生在野外摘回虎頭蜂巢掛到樹枝上之際，蜂巢先經過特殊處理。到了收成取巢的時候，就很容易取下（圖1-5.6）。多年的養殖經驗，加上養殖場地勢熟悉，10~20分鐘就可從養殖場中取回一巢，做後續處理。

　　準備一個小口徑的大塑膠桶，先裝進約3~5大瓶米酒，然後把裝有蜂巢的大塑膠袋開口綁在塑膠桶的口上，同時用燈光照射桶中米酒。屋外的燈光要關閉，不斷拍打裝有虎頭蜂的大塑膠袋，讓蜂巢內的虎頭蜂像「飛蛾撲火」般，朝著桶中的米酒飛去，淹死在酒桶中。一些

年輕的虎頭蜂會躲在破碎的蜂巢裡，堅守崗位不肯離去，就用鑷子夾出丟進桶中。曾先生說，每巢虎頭蜂有600~900隻或更多，每個大塑膠桶約可裝入兩、三巢的虎頭蜂。大塑膠桶的虎頭蜂酒，批發出售。留在的巢脾上的虎頭蜂幼蟲及蛹，用鑷子取出另行保存，大多分送親友享用。炒炸烹煎，非常美味。

## 1.5.4 結語

　　曾先生摘除蜂巢放到養殖場中飼養，相對的減少虎頭蜂對人們危害。曾先生從「捕蜂人」轉變成「虎頭蜂養殖場」的經營者，可說是當前經濟型態轉變中，最奇特的一位另類人士。虎頭蜂的養殖看起來很簡單，實際上需要具備飼養蜜蜂的純熟經驗。最重要的是，要有過人的勇氣，及服務人群為民除害的善心。黃腰虎頭蜂雖然是最溫馴的種類，但是不要忘記，溫馴的虎頭蜂還是會螫人。

# 1.6 虎頭蜂螫的滋味

　　2000年8月下旬訪問虎頭蜂養殖場的過程中，為了留下一些紀錄，攝影是必要的工作。通常黃腰虎頭蜂築巢在樹枝上、窗戶外、屋簷下，由於相機的鏡頭不夠長，不容易拍出特別清晰的照片。難得有了近距離拍攝的機會，非常興奮。拿起相機，快門不停。拍照時，感覺到虎頭蜂在耳邊飛起飛落，也聽到虎頭蜂在蜂巢上悉悉娑娑的走動聲。在虎頭蜂巢之前拍攝，一切動作都要溫文儒雅，盡量緩慢，還要小心翼翼。相機距離蜂巢只有十幾公分，黑色的相機加上有反光的鏡頭，讓虎頭蜂非常不悅。相機與蜂巢的距離逐漸拉近，已經有幾隻「守衛蜂」飛出巡查，在相機的鏡頭前飛繞打轉。

## 1.6.1 虎頭蜂螫人

　　突然聽到養殖場主人曾先生大叫「虎頭蜂要螫人了，趕快離開。」這時候耳邊的嗡嗡聲突然增強，已經有虎頭蜂鑽入頭髮裡。接著又有一批虎頭蜂的嗡嗡聲不斷接近，感覺到有十多隻虎頭蜂，在頭部四周急速飛舞。情況不妙，逃為上策。立即用輕緩的動作，抱著相機，低頭、彎腰、大步快走，離開蜂巢約5公尺後蹲下不動。在大步快走的時候，感覺仍有虎頭蜂在頭部附近圍繞，只是數目略為減少。大約還有5~6隻圍繞，有2~3隻在頭髮裡鑽進鑽出。為甚麼虎頭蜂這麼客氣，沒有立即螫刺呢？因為作者對牠們友善，沒有粗暴的行為，牠們還不認為是「敵害」，沒有螫刺的理由。只要蹲在原地靜待一會兒，頭髮裡鑽動的虎頭蜂覺得沒趣，自然會離開。當時因冷靜思考及妥善處理，暗自慶幸一定能夠躲過劫難。

　　不料，當時養殖場主人曾先生以為作者蹲下，勢必已經被虎頭蜂螫了，並看到還有虎頭蜂在頭上圍繞。就突然從3~4公尺外衝過來，揮打追擊的虎頭蜂，以便幫忙解圍。說時遲、那時快，頭上一陣強烈刺痛，果然「被螫了」！高興不到1分鐘，還是劫數難逃。當虎頭蜂被激怒時，圍觀的人紛紛跑開，只有曾先生前來捨身相救。雖然頭部被螫了兩針，對於曾先生仗義相救的精神，還是頗為感激。遺憾的是，

他趕來相助的揮打動作，反而惹怒了虎頭蜂。他的手臂上也被螫了兩針。正所謂：「玩蜂的人，哪有不被蜂螫的」！

對於溫馴的黃腰虎頭蜂，容易失去防禦心。沒有戴上防護裝備就開始工作，居然連基本配備的帽子都沒有戴上。被螫是因為太過輕敵，咎由自取。通常到野外活動，如果穿上淺色的長袖夾克或長袖襯衫，戴上一頂淺色的運動帽，可以減少蜜蜂及虎頭蜂的傷害。此外，對於蚊蟲及毒蛾類等有毒昆蟲，也有防護作用。

已經被蜂螫，就趕快離開現場，以免虎頭蜂螫人時釋放出的費洛蒙，招來更多的虎頭蜂。頭上被螫的兩個痛點，火辣辣的劇痛，咬著牙、忍著痛離開現場，攝影工作只好停止。回到車上，取出隨身攜帶的「神藥」，請曾先生協助搓揉螫傷部位。曾先生很內行，擦藥時不停的搓揉3~5分鐘，把藥液揉入皮膚內才能發揮作用。曾先生說，如果過敏體質的人，蜂螫後約3~5分鐘就會起紅疹塊，約10~20分鐘就會迅速蔓延到上半身。

完成了急救處理，曾先生泡茶壓驚。同時他也解釋，這就是他不歡迎一般遊客參觀養殖場的主要原因。黃腰虎頭蜂只要沒有受到騷擾，就算是很接近牠們的巢，都沒有危險性。但是在蜂巢前急速的活動、碰觸到掛有蜂巢的樹幹、或直接碰觸到蜂巢，都是最大的忌諱。即使只有輕微的碰觸蜂巢，就會引起巢內虎頭蜂的劇烈反應。幾分鐘前虎頭蜂發動的攻擊，因為相機的鏡頭，無意間碰到蜂巢上突出的小草。虎頭蜂群對騷擾的反應，還算輕微，出動攻擊蜂的數目不多，只有十幾隻。據作者經驗，只要安全離開虎頭蜂的防禦範圍，一會兒攻擊就會停止。這窩螫人的虎頭蜂，是曾先生7月份才從山野的草叢中摘回，蜂巢表面帶有許多突出的細小草梗（圖1.6-1）。短短幾根枯黃小草梗，卻引起一場飛來橫禍，真是惱人。

## 1.6.2 蜂螫後的一小時

曾先生協助用神藥處理，並泡茶壓驚或許有效，頭頂上兩個螫刺點已經不痛。但大約經過20幾分鐘，頭皮上發現有第三個螫刺點愈來愈痛。再請曾先生擦藥時，前兩個螫刺點已經消腫，只留下一個凸起小紅點。曾先生對於作者攜帶的「神藥」很好奇，竟然能在10~20分鐘內止痛

▌1.6-1 虎頭蜂巢上有許多要命的小草梗

消腫，有如此神效。一般人頭頂上被虎頭蜂螫兩針，可能已經昏迷，要送醫急救。他平時使用的「蜈蚣油」，也沒有如此效果。曾先生的一位朋友頭上被螫一針後，整個臉腫得歪一邊將近一星期，非常可怕。曾先生被虎頭蜂螫的最多紀錄，是一次螫了47針，都是用蜈蚣油治癒。民間用來蜂螫後急救的草藥有很多種，多半是經驗累積及用命換來的驗證。

　　頭上發現的新螫刺點，因為延誤用藥時機，神藥也沒有用。新的螫刺點仍然不斷腫大，並且愈來愈痛。隨之有輕微心跳加速及脈搏不正常的感覺，頭皮上不停的抽搐，抽的時候會很痛，還有些許頭暈。約在第30~40分鐘後，感覺舌頭稍微脹大，說話不太隨意。隨身攜帶的神藥，其實就是最熱門的蜜蜂產品，以酒精萃取的蜂膠液（propolis）。蜂膠對於一般皮膚刮傷、口腔破傷、喉嚨發炎、小蟲咬傷及小黑蚊叮咬等，經作者個人試驗結果，都有很好的舒緩效果。

## 1.6.3 蜂螫的後續反應

　　蜂螫後約一個半小時，頭暈等的不適現象消失。第三個螫刺點也沒有再腫大，只是仍然抽痛。間隔抽痛的時間逐漸拉長，或許還是神

藥的功效。蜂螫後的第3小時，感覺身體已無大礙，頭腦清醒，就開車返回臺中住處。蜂螫後的第6小時，第三個螫刺點仍然抽痛，身體略為發熱，頭部稍感昏眩，有頭重腳輕的現象。其他兩個螫刺點，完全沒有不適感。晚上不停的喝水，補充水分。蜂螫後的第10小時，第三個螫刺點的抽痛，間隔10~20分鐘一次，抽痛的次數逐漸減少。整個頭皮開始腫脹，還有局部發燙及發癢的感覺。

第二天清晨刷牙時，整個頭皮腫了一層，不痛不癢，感覺頭上好像戴了一個「鋼盔」，第三天中午「鋼盔」才消失。第六天早晨，第三個螫刺點開始發癢，並腫起一個約有一公分的小包，或許前一天晚上吃了幾顆柿子引起。第七天，吃了一碗牛肉麵，第三個螫刺點又有輕微發癢，又腫起一個小包，約半天後消退。不同的食物，似乎對於蜂毒在人體內的發作，有相當程度的影響。第十二天，頭皮上第一、第二個螫刺點的小瘡莢掉落，完全復原。第三個螫刺點仍留有一個米粒狀的的凸起，到第十五天完全復原。

## 1.6.4 結語

1974年帶領國立中興大學昆蟲系的學生們，在惠蓀林場被虎頭蜂追著跑，這次是親自體會「被虎頭蜂螫」的滋味。雖然，只是無意間輕輕碰觸了虎頭蜂巢上的小草，實際上也算是戳了虎頭蜂巢。不論戳蜂巢是無意或故意，虎頭蜂只知為了保護群體，做出自然的防禦反應。

沒有體驗過虎頭蜂螫，說不清楚被虎頭蜂螫的滋味。被虎頭蜂螫，才知道真夠麻辣，比被蜜蜂螫，更刺激、更疼痛並且更難受。當虎頭蜂發威的時候，就像遇到了「惡人」，最好的方法是低頭、降低身段、三十六計走為上策，離開牠們的防禦範圍。平生第一次被虎頭蜂螫，也當了一次「白老鼠」，記錄虎頭蜂螫傷後，身體反應的相關細節。很巧的是還有一個對照組，第三螫刺點的反應，更為精采又具體。切記，沒事千萬別去「戳虎頭蜂窩」。

# 1.7 戳虎頭蜂的蜂巢

　　2013年8月18日下午外出，經過臺中市草悟道公園綠地。看到一個直徑約15公分的小虎頭蜂巢（蜂窩），掛在約一公尺高的小樹叢中，還有虎頭蜂出入。在臺中市鬧區的公園裡，難得見到黃腰虎頭蜂巢。蜂巢小巧可愛，又掛在低矮的樹叢，很適合近距離拍攝或錄影。機會難得，即刻返家取了相機及錄影機，奔回現場。

　　距蜂巢約一公尺距離，架上錄影機，設定遙控，開始錄影（圖1.7-1）。錄下了虎頭蜂飛進飛出，在蜂巢表面築巢的片段。錄影之際，有一隻工蜂在巢門口內側爬動。用相機的長鏡頭觀察，清楚地看到工蜂幾度探頭又縮頭，正在門口內部執行守衛工作（圖1.7-2）。似乎是守衛蜂發現了不速之客，做出偵查動作。數度調整變換錄影位置，人與錄影機在蜂巢前晃動，動作盡量保持輕緩，以免引起虎頭蜂的過度反應。

▌1.7-1 作者現場錄影

▌1.7-2 門口的守衛蜂

▌1.7-3 工蜂忙碌築巢-1

▌1.7-4 工蜂忙碌築巢-2

　　虎頭蜂巢很可愛，灰白色、淺茶灰色一波一波不規則的接合，像是一個小藝術品。蜂巢的出入口，外層較大。一隻工蜂負責築巢任務，不斷進進出出，口中銜了一小坨泥巴樣的東西，砌在蜂巢出入口的外側緣壁上（圖1.7-3~4）。可以明顯的看出，蜂巢由內外兩層構成。蜂巢的後上方，也有築造一半的巢室，是由另外一隻工蜂負責。過一會兒，在蜂巢出入口築巢的工蜂不見了。再過一會兒，看到一隻工蜂咬了一些棉絮狀的東西，從門口丟出巢外，像是清理垃圾。接著又看到工蜂飛進飛出，似乎是築巢材料不足，外出採集。虎頭蜂的分工明顯，是責任制，一項工作由一隻工蜂負責到底。由於每隻虎頭蜂都很像，來不及作標記，只能從錄影片中的紀錄推測。

　　正在錄影之際，一群群老少休閒客路過。請他們迴避，以免驚擾虎頭蜂，造成意外事件。瞥見小朋友路過，突然想起「捅馬蜂窩」這句成語。童心未泯，想錄一段虎頭蜂巢被戳後的反應。錄影機調整好適當位置及角度後，開啟遙控。找來一段長樹枝，輕輕戳了一下蜂巢表面，然後輕步緩緩離開，在五公尺距離處觀察，很高興錄下了「戳虎頭蜂的蜂巢」的全記錄。同時，也親身體驗了學童們戳虎頭蜂巢的好奇及快感。

▋1.7-5 虎頭蜂巢被戳後-1

▋1.7-6 虎頭蜂巢被戳後-2

　　戳蜂巢後一、兩秒，虎頭蜂立刻湧出（圖1.7-5）。先是3~5隻在蜂巢表面快速跑動搜索，接著有7~8隻虎頭蜂飛往空中搜索（圖1.7-6）。一下子又湧出10餘隻虎頭蜂，佈滿在蜂巢表面巡迴搜索，一次又一次。有兩、三隻虎頭蜂，還爬去鄰近樹枝上搜索。一批又一批虎頭蜂飛出又飛回，飛回後還在蜂巢表面來回搜索，展現出全面總動員的威力。在蜂巢表面搜索的虎頭蜂，腹部不停前後伸縮，推測是釋放警報費洛蒙，發布敵害來襲的緊急警報。

蜂巢中的蜂隻應該是全部出動了，數目不到30隻。由於戳的動作很輕微，只持續約8分鐘的防禦反應，就完全恢復平靜。當蜂巢受到騷擾振動後，只要在蜂巢門前有快速動作，就會引起虎頭蜂的反應。當時作者在5公尺之外，杵立不動，所以沒受到攻擊。如果到了9月底，黃腰虎頭蜂數目最多時，防禦的時間及距離估計會延長。

　　以前也測試過黃腰虎頭蜂的防禦反應，戳虎頭蜂巢後防禦時間在10~20分鐘。如果有太大的動作，黃腰虎頭蜂的追擊距離不同，小群約追擊5公尺，大群最多10~20公尺。理論上，蜂巢被騷擾或破壞得愈嚴重，虎頭蜂的防禦力道就愈強。因此想藉此難得的機會，明天再來測試，以便錄下虎頭蜂巢被強烈戳刺的反應並存證。

　　為何黃腰虎頭蜂在市區中築造小巢？晚上查閱氣象資料，推測是颱風造成的後果。2013年臺灣的第一個「蘇力」颱風，7月11日上午颱風侵臺。晚間發佈陸上颱風警報。7月13日，蘇力颱風凌晨自新北市貢寮區登陸後，路徑轉南，到下午才解除所有颱風警報。可能颱風破壞了黃腰虎頭蜂的原巢，由蜂王帶領部分虎頭蜂，飛來這裡築造新巢。以一個月時間，築造成大約15公分的小巢，是合理的推論。牠們很幸運，在臺中市鬧區的公園內築巢，沒受到騷擾才得以倖存至今。但是，作者第二天再去錄影時，發現可愛的小虎頭蜂巢，已經不見了。可能是昨天錄影的動作，驚動了附近的人們，有人通報相關單位，為民除害。可見一般民眾對虎頭蜂都心存恐懼，一旦發現總是除之而後快。

　　回想起1972年，在臺中居所小樓上寄居的那窩虎頭蜂，請日本虎頭蜂專家山根博士幫忙摘除，也是對虎頭蜂心有恐懼的結果。此刻真心誠意，要向那窩虎頭蜂致歉。同時也感謝那窩虎頭蜂，引發研究虎頭蜂的興趣，似乎也是冥冥中的刻意安排。

　　隔天見不到虎頭蜂及小蜂巢，內心有一股莫名的惆悵及感傷。為甚麼虎頭蜂沒有在公園綠地，享受安居築巢的權利？是否因為錄影讓牠們曝光，遭到滅巢之禍？不過如同「虎死留皮」，還好錄下虎頭蜂及小蜂巢的身影，牠們永遠留在我的心中，影片也永遠留在世上。

　　最後提醒社會大眾，如果假日家長帶小朋友到都會區的公園綠地遊玩，仍要特別注意四周環境。以免無意中碰觸虎頭蜂的蜂巢，招惹無妄之災。

# Chapter 2
# 虎頭蜂的祕密

1920年清朝時期的《臺灣縣志》中就有臺灣虎頭蜂的記載；日治時期，1927年楚南仁博對於臺灣虎頭蜂有系列報告；1949年後，國內外陸續有學者投入臺灣虎頭蜂的研究。本章僅以有限的資料，整理出臺灣虎頭蜂的祕密。

▌黑腹虎頭蜂採蜜（林義祥攝）

# 章節摘要

2.1 虎頭蜂的親戚：從昆蟲分類介紹起，再深入膜翅目昆蟲及虎頭蜂的親戚，包括大黃蜂、黃胡蜂及黃蜂。

2.2 虎頭蜂的真面目：包括臺灣虎頭蜂類的俗名，虎頭蜂的構造，虎頭蜂巢的特色，虎頭蜂與蜜蜂的特性及蜂巢比較。

2.3 蜂類的螫針：記述虎頭蜂與蜜蜂的螫針，蜂王及工蜂均有螫針，由一根刺鞘及兩根細針組成。但不同的蜂類，其螫鞘及螫針上的倒刺數目也隨之不同，形狀也略有差異。

2.4 神奇的蜂毒：記述蜂毒及生物學的效應及蜂毒的應用等，引用杜武俊博士對蜜蜂及虎頭蜂毒的研究為主。

2.5 虎頭蜂群的一年：以郭木傳及葉文和教授的研究為基礎，記述黃腰虎頭蜂的生命週期。每年3~5月，陸續由蟄伏處甦醒開始活動。10~11月處女王與雄蜂交尾，交尾過的新蜂王越冬。

2.6 虎頭蜂的採集物：有木質纖維、水分、花蜜（或含糖食物）、肉類等四種，記述採集物的不同用途。

**2.7**　虎頭蜂的行為：包括虎頭蜂的習性、工蜂的分工及虎頭蜂的防
　　　禦，三個部分。另有2003年9月在國立臺灣大學昆蟲系，拍攝
　　　黃腳虎頭蜂餵飼幼蟲的影片，附於本書QR Code供大眾參閱。

**2.8**　虎頭蜂獵捕蜜蜂：虎頭蜂是蜜蜂的天敵，不同種類虎頭蜂獵
　　　捕蜜蜂的行為都不同。另有2003年8月在國立臺灣大學昆蟲
　　　系養蜂場，拍攝中華大虎頭蜂獵捕蜜蜂的影片，附於本書QR
　　　Code供大眾參閱。

**2.9**　臺灣的七種虎頭蜂：以趙榮台、陸聲山與石達凱博士等的研究
　　　報告為主，彙整七種虎頭蜂的特徵、分布及築巢等，並附有珍
　　　貴的照片參閱。

# 2.1 虎頭蜂的親戚

與臺灣馬蜂的一段緣　黃胸泥壺蜂築巢

一般人看到在花叢中飛得較快，毛絨絨、帶有黃色或黃褐色條紋的蜂類，都說是蜜蜂。許多人看到蜈蚣、馬陸、蜘蛛等，也都稱為昆蟲。主要因為大眾對於某些生物名詞的概念模糊所致。尤其對於中國蜂、義大利蜂、西方蜜蜂（西方蜂）、東方蜜蜂（東方蜂）、胡蜂、黃蜂、大黃蜂、泥壺蜂、大土蜂、馬蜂、長腳蜂、虎頭蜂等，更難分辨清楚。所以要認識虎頭蜂，先要簡略的從昆蟲分類介紹起，再深入膜翅目昆蟲及虎頭蜂的親戚。

## 2.1.1 認識昆蟲的分類

動物界按形態特徵及生活習性等，分為許多門，其中種類最多的是節肢動物門。此門的特徵是附肢（足）分節、身體由數個環節組成，通稱為節肢動物。節肢動物門中，又分成若干綱。例如甲殼綱（Crustacea）的螃蟹（Crabs），蜘蛛綱（Arachnida）的蜘蛛（Spiders），昆蟲綱（Insecta）的昆蟲（Insects）等。

昆蟲綱的主要特徵，是頭部有一對觸角、三對足、大部分有兩對翅，生活史會發生變態。昆蟲綱又按照有翅、無翅、口器構造、腹部節數及變態等，分成若干目。早年臺灣學者對昆蟲綱的分類方法，略有不同。國立臺灣大學昆蟲系易希陶教授，將昆蟲綱分成2亞綱、26目。國立中興大學昆蟲系張書忱教授，將昆蟲綱分成2亞綱、32目。昆蟲綱的2亞綱，分別是無翅亞綱（Apterygota）及有翅亞綱（Pterygota）。

近幾十年來生物技術發展迅速，考量DNA研究比對結果，將昆蟲綱幾個比較原始種類：原尾目、雙尾目、彈尾目獨立出來，分別成為原尾綱（Protura）、雙尾綱（Diplura）、彈尾綱（Collembola）。並將同翅目（Homoptera）合併到半翅目（Hemiptera）中，成為一個亞目。2002年徐堉峰譯《昆蟲學概論》，將昆蟲綱分為29目。2008年盧耽將昆蟲綱稱為真昆蟲（Insecta，true insects），分為三群，分別是無翅群（Apterygota）、古生翅群（Palaeoptera）及新生翅群（Neoptera）。新生翅群中又分為直翅類、半翅類及內生翅類；共有30目，較前者多了一個螳䗛目（Mantophasmatodea），見表2.1-1。

表2.1-1昆蟲綱（Insecta）的分類（盧耽，2008）

| 群 | 類 | 英名 | 中名 | 代表性昆蟲 |
|---|---|---|---|---|
| 無翅群 | 一 | Archaeognatha | 古口目 | 石蛃 |
| | | Thysanura | 纓尾目 | 衣魚、蠹蟲 |
| 古生翅群 | 一 | Odonata | 蜻蛉目 | 蜻蜓、豆娘 |
| | | Ephemeroptera | 蜉蝣目 | 蜉蝣 |
| 新生翅群 | 直翅類 | Isoptera | 等翅目 | 白蟻 |
| | | Blattodea | 蜚蠊目 | 蜚蠊、蟑螂 |
| | | Mantodea | 螳螂目 | 螳螂 |
| | | Mantophasmatodea | 螳蟵目 | 螳蟵 |
| | | Phasmatodea | 䗛目 | 竹節蟲 |
| | | Orthoptera | 直翅目 | 蝗蟲、蟋蟀、螻蛄 |
| | | Grylloblattodea | 蛩蠊目 | 蛩蠊 |
| | | Embioptera | 紡足目 | 足絲蟻 |
| | | Zoraptera | 缺翅目 | 缺翅蟲 |
| | | Plecoptera | 襀翅目 | 石蠅 |
| | | Dermaptera | 革翅目 | 蠼螋 |
| | 半翅類 | Phthiraptera | 蝨目 | 羽蝨 |
| | | Psocoptera | 嚙蟲目 | 書蝨 |
| | | Thysanoptera | 纓翅目 | 薊馬 |
| | | Hemiptera | 半翅目 | 蟬、椿象、介殼蟲 |
| | 內生翅類 | Megaloptera | 廣翅目 | 魚蛉 |
| | | Neuroptera | 脈翅目 | 草蛉、蟻獅 |
| | | Raphidioptera | 蛇蛉目 | 蛇蛉 |
| | | Coleoptera | 鞘翅目 | 甲蟲、金龜子 |
| | | Strepsiptera | 撚翅目 | 撚翅蟲 |
| | | Mecoptera | 長翅目 | 擬大蚊、舉尾蟲 |
| | | Diptera | 雙翅目 | 蒼蠅、蚊子、牛虻 |
| | | Siphonaptera | 蚤目 | 貓蚤、人蚤 |
| | | Trichoptera | 毛翅目 | 石蠶 |
| | | Lepidoptera | 鱗翅目 | 蝴蝶、毒蛾、皇蛾 |
| | | Hymenoptera | 膜翅目 | 蜜蜂、螞蟻、胡蜂 |

## 2.1.2 膜翅目的種類

　　膜翅目昆蟲中常見的蜂類及螞蟻類，主要特徵是兩對翅呈膜質。全世界的膜翅目昆蟲已知約十二萬種，是昆蟲綱中的第三大目。膜翅

目拉丁文名稱是Hymenoptera，是由Hymeno及ptera兩個字組成，前者是「婚姻之神」有「連接」之意思，後者是「翅」的意思。由此可知，蜂類的前後雙翅之間，有特殊的連接構造。前翅的後緣有部分捲起成「翅褶（marginal fold）」，後翅的前緣中央部位有一排小鉤子，稱為「翅鉤（marginal hooks；hamuli）」（圖2.1-1）。這種結構，使前後翅在飛行時能夠連成一體。

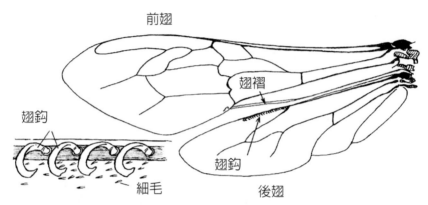

▎2.1-1 蜂類的翅鉤及翅摺

　　膜翅目昆蟲是完全變態，發育期要經過卵、幼蟲、蛹及成蟲四個階段。幼蟲大部分沒有足的構造，成「蛆狀」。葉蜂等少數種類的幼蟲有三對足，或是腹部有幫助運動的附肢。成蟲口器分成咀嚼式、吸收式及舐吮式，一對複眼發達，大部分有三隻單眼。最明顯的是胸部及腹部連接處，有一段部分通稱為「腹柄節或腰（petiole）」。蜂類主要以「腰」的粗細，作為的分類依據。

　　少數的蜂類是桶狀的大粗腰，列入廣腰亞目（Symphyta）。廣腰亞目有樹蜂類及莖蜂類等，例如樹蜂（圖2.1-2）、鋸蜂或稱葉蜂（圖2.1-3）；大多數的蜂類是細腰，稱細腰亞目，「細腰」即是俗稱的「馬蜂腰」。細腰亞目（Apocrita）又分成錐尾組（Terebrantia）及針尾組（Aculeata）。腹部沒有螫針的是錐尾組，有癭蜂科（Cynipidae）、姬蜂科（Ichneumonidae）、小蜂總科（Chalcidoidea）及繭蜂科（Braconidae）等。腹部有螫針的是針尾組，有胡蜂總科（Vespoidea）、土蜂總科（Scolioidea）、蜜蜂總科（Apoidea）、螞蟻總科（Formicoidea）等。

▌2.1-2 樹蜂（楊維晟攝）

▌2.1-3 葉蜂（楊維晟攝）

▌2.1-4西方蜜蜂（黃智勇攝）

▌2.1-5東方蜜蜂

　　蜜蜂總科有兩群，一群是Sheciformes（泥蜂，sphecoid wasps），另一群是Anthophila（花蜂類，bees）。花蜂類的蜜蜂科（Apidae）中，常見的是西方蜜蜂（*Apis mellifera*）（圖2.1-4）及東方蜜蜂（*Apis cerana*）（圖2.1-5），都是素食者，只取食花粉及花蜜，後足上有花粉籃。

## 2.1.3 虎頭蜂的重要家族

　　胡蜂總科（Vespoidea）的蜂類，在臺灣地區只有胡蜂科（Vespidae）、馬蜂亞科（Polistinae）及蜾蠃科（Eumenidae），是社會性黃蜂（social wasps），通稱為胡蜂。胡蜂總科依社會性可分兩大類：一類是平時自由生活的個體，產卵時才會築造巢室的蜾蠃，用泥土造巢（potter wasp）；一類是以蜂巢為活動核心的胡蜂，例如蜂巢沒有外殼的馬蜂（長腳蜂），及有外殼包覆的虎頭蜂等。

胡蜂的英文，有三個常用的名詞，大黃蜂（hornet）、黃胡蜂（yellow jacket）及黃蜂（wasp）。歐美學者對這三個名詞的認知，並不完全一致。大黃蜂通常是指虎頭蜂屬（*Vespa*）的蜂類。牠們的體型最大，身體上沒有明顯的斑紋，呈現褐色或淡黃色，胸部及腹部接近黑色，帶有黃色、橘色或紅色帶狀，黃色及褐色條紋較少。少數並非虎頭蜂屬，築巢在空中且體型較大的蜂類，如北美洲一種蜂類*Dolichovespula maculata*，身上有黑色與象牙色混合，也稱大黃蜂。

　　黃胡蜂俗稱黃夾克，主要是指黃胡蜂屬（*Vespula*）的蜂類，牠們的頭部有黃色或白色斑紋，通常築巢在喬木、灌木或隱蔽的建築物或洞穴中。但是，也有學者把黃胡蜂，歸類為大黃蜂。

　　黃蜂代表數千種的蜂類，身體有黃色及黑色的斑紋，以擬態方式防禦敵害的捕食，胸部及腹部呈黑色或白色斑。黃蜂主要分為獨居性黃蜂（solitary wasp）及群居性黃蜂（social wasp）。1980年R.Edwards認為，英文hornet及wasp兩個名詞，只是普通名詞，類似中文的「胡蜂」名詞，只是一個「概念性名詞」。

　　目前全世界已知的胡蜂總科，約五千多種。1980年R.Edwards，及1984年S.F. Sakagami等學者，都有記述胡蜂的分類系統表。全世界有23種虎頭蜂，臺灣主要有7種。而1985年李鐵生《中國胡蜂總科的分類》，共分為7科37屬150種。近年國外來臺灣研究胡蜂的學者有，1992年史達愷（C.K.Starr）、1996年山根正氣（S.Yamame）及2011小島純一（J.Kojima）等，各學者的分類略有差異，摘記如後。

# 1.1992年史達愷

　　臺灣的胡蜂科（Vespidae）蜂類共發現28種，見表2.1-2。胡蜂亞科（Vespinae）有10種：虎頭蜂屬（*Vespa*）有7種，包括威氏虎頭蜂（Archer's，1989等）、姬虎頭蜂、擬大虎頭蜂、黃腰虎頭蜂、黃腳虎頭蜂、中華大虎頭蜂及黑腹虎頭蜂；黃胡蜂屬（*Vespula*）有3種，包括臺灣黃胡蜂、細黃胡蜂及施黃胡蜂。1997年Carpenter及Kojma修訂全世界黃蜂分類，將威氏虎頭蜂原來學名*Vesapa wilemani*修訂為*Vespa vivax* Smith，將施黃胡蜂原來學名*Vespula schrenckii*修訂為*Vespula rufa*（Linnaeus）。

　　馬蜂亞科（Polistinae，長腳蜂亞科）有18種：鈴腹胡蜂屬（*Ropalidia*）有2種，包括帶鈴腹胡蜂及臺灣鈴腹胡蜂（圖2.1-6）；側

異腹胡蜂屬（*Parapolybia*）有2種，包括變側異腹胡蜂（圖2.1-7）及庫側異腹胡蜂；馬蜂屬（*Polistes*）又稱長腳蜂屬或紙蜂（paper wasps）有14種，包括黃馬蜂（圖2.1-8）、家馬蜂、棕馬蜂（圖2.1-9）、姬馬蜂、點馬蜂、日本馬蜂（圖2.1-10）、黃斑馬蜂等。

表2.1-2臺灣胡蜂科（Vespidae）的分類（C.K.Starr，1992）

| 亞科 Subfamily | 屬名 Genus | 種 Species |
|---|---|---|
| 胡蜂亞科（Vespinae） | 虎頭蜂屬（*Vespa*） | 威氏虎頭蜂（*Vespa wilemani*）<br>姬虎頭蜂（*Vespa ducalis*）<br>擬大虎頭蜂（*Vespa analis*）<br>黃腰虎頭蜂（*Vespa affinis*）<br>黃腳虎頭蜂（*Vespa velutina*）<br>中華大虎頭蜂（*Vespa mandarinia*）<br>黑腹虎頭蜂（*Vespa basalis*） |
| | 黃胡蜂屬（*Vespula*） | 阿里山黃胡蜂（*Vespula arisana*）<br>細黃胡蜂（*Vespula flaviceps*）<br>施黃胡蜂（*Vespula schrenckii*） |
| 馬蜂亞科（Polistinae） | 側異腹胡蜂屬（*Parapolybia*） | 庫側異腹胡蜂（*Parapolybia takasagona*）<br>變側異腹胡蜂（*Parapolybia varia*） |
| | 鈴腹胡蜂屬（*Ropalidia*） | 帶鈴腹胡蜂（*Ropalidia fasciata*）<br>臺灣鈴腹胡蜂（*Roplaidia taiwana*） |
| | 馬蜂屬（*Polistes*） | 黃馬蜂（*Polistes rothneyi*）<br>家馬蜂（*Polistes jadwigae＝P. yokahamae*）<br>棕馬蜂（*Polistes gigas*）<br>姬馬蜂（*Polistes eboshinus*）<br>點馬蜂（*Polistes stigma*）<br>日本馬蜂（*Polistes japonicus*）<br>黃斑馬蜂（*Polistes shirakii*）<br>胸稜馬蜂（*Polistes strigosus*）<br>雙斑馬蜂 *Polistes takasagonus*<br>中華馬蜂（*Polistes chinensis*）<br>（*Polistes sulcatus＝P. tenebricosus*）<br>（*Polistes huisunensis*） |

▌2.1-6 臺灣鈴腹胡蜂（楊維晟攝）

▌2.1-7 變側異腹胡蜂（楊維晟攝）

▌2.1-8 黃馬蜂

▌2.1-9 棕馬蜂

▌2.1-10 日本馬蜂

## 2.1996年山根正氣

　　1996年山根正氣與王效岳撰著《認識臺灣的昆蟲16》，記述臺灣的70多種胡蜂，有胡蜂科及蜾蠃科。書中對蜾蠃科有詳細描述、照片及檢索表，蜾蠃科請參閱該書。

## 3.2011年小島純一等

　　2011小島純一等的臺灣社會胡蜂科報告，對胡蜂科的胡蜂亞科及馬蜂亞科有較為詳盡的標本比對及探討。胡蜂亞科的分類與前兩位作者相同，馬蜂亞科的分類略有差異，分為鈴腹胡蜂族（Ropalidiini）及馬蜂族（Polistini），見表2.1-3。

表2.1-3臺灣胡蜂科（Vespidae）的分類（小島純一等，2011）

| Subfamily | Tribe | Genus | Species |
|---|---|---|---|
| 胡蜂亞科 Vespinae | — | 虎頭蜂屬 *Vespa* | （同C.K.Starr，1992） |
| | | 黃胡蜂屬 *Vespula* | （同C.K.Starr，1992） |
| 馬蜂亞科 Polistinae | 鈴腹胡蜂族 Ropalidiini | 鈴腹胡蜂屬 *Ropalidia* | （同C.K.Starr，1992） |
| | | 變側異腹胡蜂屬 *Parapolybia* | 叉胸異腹胡蜂（*Parapolybia nodosa*）庫側異腹胡蜂（*Parapolybia takasagona*）變側異腹胡蜂（*Parapolybia varia*） |
| | 馬蜂族 Polistini | 馬蜂屬*Polistes* | |
| | | *Megapolistes* 亞屬 | *Polistes*（*Megapolistes*）*jadwigae*家馬蜂 |
| | | *Gyrostoma* 亞屬 | *Polistes*（*Gyrostoma*）*gigas* 棕馬蜂（巨馬蜂）*Polistes*（*Gyrostoma*）*rothneyi* 陸馬蜂（黃、和）*Polistes*（*Gyrostoma*）*tenebricosus*烏胸馬蜂 |
| | | *Polistella* 亞屬 | 臺灣馬蜂*Polistes*（*Polistella*）*formosanus* 日本馬蜂*Polistes*（*Polistella*）*japonicus* 胸稜馬蜂*Polistes*（*Polistella*）*strigosus* 雙斑馬蜂*Polistes*（*Polistella*）*takasagonus* 黃斑馬蜂*Polistes*（*Polistella*）*shirakii* 點馬蜂*Polistes*（*Polistella*）*stigma* 姬馬蜂*Polistes*（*Polistella*）*eboshinus* |
| | | *Polistes* 亞屬 | 中華馬蜂*Polistes*（*Polistes*）*chinensis* |

2.1-11 黃胸泥壺蜂

2.1-12 黃胸泥壺蜂築巢

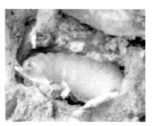
2.1-13 黃胸泥壺蜂巢中的幼蟲

## 2.1.4 結語

　　2013年陸聲山等報告，臺灣陽明山國家公園記錄，有胡蜂亞科（Vespinae）6種、長腳蜂亞科（Polistinae）10種及蜾蠃亞科（Eumeninae）20種，共有3個亞科23屬36種。蜾蠃又稱為陶工蜂、泥壺蜂等，一般都是獨居生活，在岩石凹縫、葉片下面、植物枝條、房屋牆壁上築巢，蜂巢像一個泥壺。蜾蠃科的黃胸泥壺蜂（*Delta pyriforme*）（圖2.1-11）築造新巢（圖2.1-12）後產卵，獵取食物放入巢中之後封閉蜂巢，挖開蜂巢可見成熟的幼蟲（圖2.1-13）。

　　行政院農業委員會林業試驗所趙榮台博士及陸聲山博士等建立的昆蟲標本館，典藏了一萬一千餘份的胡蜂標本（圖2.1-14），是臺灣最大的胡蜂典藏庫。趙榮台博士在胡蜂方面有系列的專業研究，特別情商將珍貴資料名錄，包括期刊論文、研討會論文、專書及專書論文及技術報告，列於附錄2，提供大眾參考。

2.1-14 林試所的威氏虎頭蜂標本

# 2.2 虎頭蜂的真面目

### 2.2.1 虎頭蜂的俗稱

　　蜂類的名稱，通常採用蜂類或蜂巢的形狀、顏色、特性，或是以蜂巢築造的位置來命名，簡單易懂。通常山野地區的人們，稱掛在高大樹枝上的是「雞籠蜂」；而對於從地下鑽出的蜂，則是大土蜂。臺灣虎頭蜂類常見的俗名，一律稱為虎頭蜂，或是「毒蜂」。此外，清朝稱虎頭蜂是雞屎蜂，日文是雀蜂（Suzume-bachi）。

### 1.虎頭蜂

　　就體型而言，虎頭蜂頭大身體大，而且大顎強有力，全身有黃色及黃褐色類似老虎的斑紋（圖2.2-1~4）；又因專門獵捕其他昆蟲，攻擊時像老虎一般非常兇猛，所以稱為虎頭蜂。

　　黃腰虎頭蜂巢，通常在草叢中、屋簷下、牆垛下或掛在3~5公尺高的樹枝上（圖2.2-5）。蜂巢略成橢圓形，蜂巢表面有黃色及褐色的斑紋，遠看有點像是老虎的頭部（圖2.2-6）。黃腰虎頭蜂是都會區及都市近郊常見的種類，人們見到的機會最多，都會區的人們常把黃腰虎頭蜂，視為所有虎頭蜂的代表，通稱為虎頭蜂。

　　黃腰虎頭蜂的腹部，上方一半為黃色、下方一半為黑色，所以也被稱為黑尾虎頭蜂。但是因為黑尾虎頭蜂名稱，容易與棲息在山林中，腹部全黑、又帶絨毛的「黑腹虎頭蜂」混淆，所以作者慣用「黃腰虎頭蜂」，以便區別兩種不同的虎頭蜂。

2.2-1 黃腰虎頭蜂的頭

2.2-2 姬虎頭蜂的頭

2.2-3 擬大虎頭蜂的頭

2.2-4 中華大虎頭蜂的頭

▌2.2-5 黃腰虎頭蜂巢

▌2.2-6 養蜂場附近的黃腰虎頭蜂巢

## 2.雞籠蜂

黑腹虎頭蜂棲息在山林中，牠們的蜂巢，像早年養雞用的籠子，所以俗名為「雞籠蜂」（圖2.2-7）。現代人可能無法想像，怎麼會像雞籠呢？古早年代，人們養雞是採放山雞的方式，日間放飼雞群，黃昏之際招回，用大雞籠把雞群罩在地上，以防其他動物攻擊。這個直徑約一公尺多的大罩子，是用竹子編成，可扣在地上當雞籠，與現代人認知的雞籠有落差。

黑腹虎頭蜂巢通常掛在高大的樹枝上，到了秋季被人們發現時，已成一個大球狀或是長橢圓形。牠們的兇猛十分有名，一旦發動攻勢，會有成千上百隻同時攻擊敵害，陣容浩大讓人喪膽。

另外一種黃腳虎頭蜂，通常棲息在山野地區，但在都會區近郊也常見到，蜂巢也是掛在高大的樹枝上，也常被稱為雞籠蜂。實際上，牠們的蜂巢呈橢圓形，與黑腹虎頭蜂巢略有差別，只是遠距離眺望，不易區分。

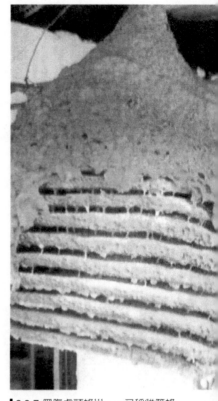

2.2-7 黑腹虎頭蜂巢——又稱雞籠蜂

## 3.大土蜂

棲息在地表或地下的姬虎頭蜂及中華大虎頭蜂，通常被稱為土蜂或大土蜂。中華大虎頭蜂，體形較大，稱為大土蜂。姬虎頭蜂體型較中華大虎頭蜂略小，是第二大的虎頭蜂，稱為土蜂。牠們在接近地面的土洞、石洞或樹洞中築巢，不容易被發現。

三個單眼呈倒三角形排列　　　複眼呈腎臟形

柄節

觸角　梗節　　　　　　　　　　　前額

工蜂鞭節
10節雄
蜂11節

頰

頭楯

強韌的大顎

▎2.2-8 虎頭蜂的頭部構造圖

## 2.2.2 虎頭蜂的構造

　　虎頭蜂的成蜂外型，是典型的昆蟲構造。分為三個部分，頭部、胸部及腹部。頭部有口器、觸角、單眼與複眼。胸部由三節構成，每節有一對足，後兩節各有一對翅。腹部由數節構成，有附屬器官。虎頭蜂有強壯的外骨骼及肌肉，體壁上有細毛覆蓋，體表許多區域有少數較長的直立剛毛。中華大虎頭蜂的頭部構造圖（圖2.2-8），姬虎頭蜂的外型構造圖（圖2.2-9）。

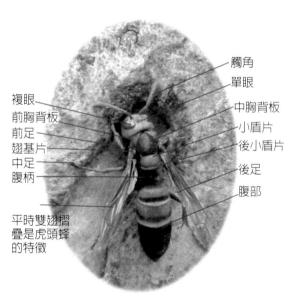

複眼
前胸背板
前足
翅基片
中足
腹柄

觸角
單眼
中胸背板
小盾片
後小盾片
後足
腹部

平時雙翅摺疊是虎頭蜂的特徵

▎2.2-9 姬虎頭蜂的外型構造圖

## 1.頭部

有單眼、複眼、觸角及口器。頭部頂端有三個單眼,排列成倒三角形,在兩複眼之間。單眼構造簡單,由外骨骼增厚形成。兩個複眼呈腎臟形,在頭部兩側。1980年Edwards報告*Vespa vulgaris*虎頭蜂的工蜂,每個複眼約由5,000個小眼構成,小眼有六角形及方形兩種。上方的小眼是六角形,方形小眼多在下方的部位。而蜜蜂工蜂複眼約由4,000~6,900個小眼構成,小眼只有六角形,這是兩種蜂類最大的不同。

頭部有觸角一對,位於兩複眼內側,由鞭節、梗節及柄節組成。柄節及梗節各為一節,蜂王及工蜂的鞭節有10節,共有12節。雄蜂鞭節多一節,共有13節。虎頭蜂的大顎堅硬,有強壯的肌肉,能夠刮取樹幹的木質纖維及昆蟲等獵物。口器下唇內葉內側有毛茸茸的凸起,可以吸食液態食物。

## 2.胸部

胸部由前胸、中胸及後胸三節構成。像大多數膜翅目昆蟲一樣,後胸與第一腹節特化的前伸腹節相結合。胸部的肌肉特別強化,有兩對翅用來飛翔,有三對足用來行動。

虎頭蜂中後胸上各有一對翅,呈膜質透明狀,前翅較後翅大。後翅前緣有一排小鉤,使前後翅相連,在飛翔時前後翅運動一致。有翅基片、小盾片及後小盾片。每一胸節有1對足,第1對的足最短,第3對足特別長(圖2.2-10)。足都有五節,足與胸部接連的第1節是基節,可使足前後轉動。第2節是轉節,依次為腿節、脛節及跗節。跗節又分為5節,與脛節相接的是第一跗節,其他四節較小。跗節末節是端跗節,上有一對爪,爪中央有爪墊。脛節下方有一對脛刺,第一對足上的脛刺有清潔觸角的功能,稱為觸角清潔器。足的表面上有細毛,可以清潔雙翅及身體上的雜物。

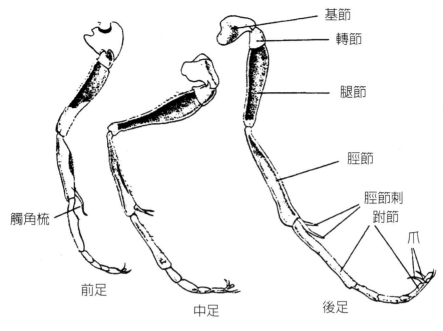

基節
轉節
腿節
脛節
脛節刺
跗節
爪
觸角梳
前足
中足
後足

▎2.2-10 三對足的構造（Edwards1980）

### 3.腹部

　　腹部第一腹節與後胸結合，是腹柄節或稱前伸腹節。外表可見到的腹節，蜂王及工蜂有6節，雄蜂有7節。腹節上有氣孔，腹部經常伸縮，使呼吸系統吸收空氣。蜂王及工蜂腹部8~9節特化成螫針，雄蜂第8~9節特化成交尾器。

## 2.2.3 虎頭蜂巢的特色

　　虎頭蜂巢的外巢是木質纖維，有防水、防風、隔熱，及維持巢內溫度的功能，也有隔絕光線的效果。虎頭蜂外巢的厚薄與巢內的溫度有關，築造外巢的速度與巢內透光有關。蜂巢的頂端，多呈三角形，讓雨水滑落。通常9、10月，虎頭蜂巢擴大並加重之後，在蜂巢與樹枝連接的部位厚度會增加。

　　虎頭蜂巢的出入口通常只有一個，秋末蜂隻數目增加後，為了出入方便，蜂巢的出入口會增大或變形。黃腰虎頭蜂巢的出入口，亦略

為擴大。黃腳虎頭蜂巢的出入口也會加大，並向一側凸出。黑腹虎頭蜂巢的出入口會加大拉長，並增加數目。棲息在地下的中華大虎頭蜂，同樣會加大出入口，或增加數目。虎頭蜂巢內部，有多層巢脾組成，層與層之間有許多短柱狀的小巢柄連接。內部巢脾數目的多少，與虎頭蜂種類有關。蜂巢內部上方的巢脾較小，下方的巢脾逐漸加大。

　　1992年山根爽一在臺灣中部埔里郊外採集的黑腹虎頭蜂成熟蜂巢，是世界最大的虎頭蜂巢，重量超過30公斤，直徑65公分、高95公分（圖2.2-11）。蜂巢初期呈卵圓形，只有一個開口（圖2.2-12A）。成熟後的蜂巢，外巢（殼）頂部形成圓錐形向上方突起，大約有115度，藉以承受蜂巢的重量（圖2.2-12B）。蜂巢的出入口增加為三個，並加長成1×17公分的裂口，是黑腹虎頭蜂特有。蜂巢內部有15個圓形巢脾，總計4萬多個巢室。巢內的成蜂，有工蜂558隻、雄蜂579隻及雌蜂（蜂王）535隻。摘取蜂巢當時，有相當數目的成蜂逃逸。據估計，蛹及羽化的工蜂數約37,000隻、雄蜂約3,900隻及雌蜂3,400隻。由於該蜂群尚未進入繁殖期的最後階段，因此可能還會有更多的雄蜂與雌蜂。

▌2.2-11 剛採下的黑腹虎頭蜂巢65X95公分（山根爽一圖）

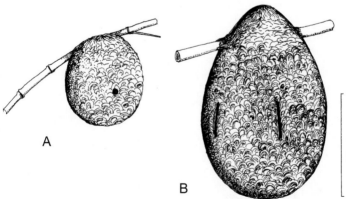

50cm

A

B

▌2.2-12 黑腹虎頭蜂的巢，A是初期的蜂巢，B是成熟蜂巢（山根爽一圖）

虎頭蜂在築巢前，會選擇適當的地點及位置。黃腳虎頭蜂及黑腹虎頭蜂初期的小巢，築造在地下，之後遷移到高大樹枝上。所選擇的樹木，將來要能夠承受蜂巢的重量。

## 2.2.4 胡蜂與蜜蜂的蜂巢比較

胡蜂的蜾蠃科大多是獨居蜂，蜂巢是用泥土做成壺狀。而馬蜂（長腳蜂）、變側異腹胡蜂及鈴腹胡蜂的蜂巢則是木質纖維做成，沒有外巢。馬蜂的巢脾只有一片，巢室開口向下；變側異腹胡蜂巢脾一片垂吊，會彎曲成杓狀；或有巢脾多片垂吊，略呈水平方向築造；鈴腹胡蜂一片巢脾而傾斜下垂（圖2.2-13），與水平成60度的角度，或成繩索狀垂吊，巢房開口與水平線成30度的角度。馬蜂的生活週期，一年可完成兩世代。鈴腹胡蜂可完成2~3世代，增殖期不明顯。馬蜂巢背面塗了一層有光澤的膠質，可以防水（圖2.2-14）。巢室向下或側面，幼蟲不會掉出（圖2.2-15）。遇到下雨，成蜂用口器搜集巢中的水分，再把水吐到巢外（圖2.2-16）。初羽化的成蜂躲到巢脾的背面休息（圖2.2-17），或在巢脾上越冬（圖2.2-18）。虎頭蜂與蜜蜂的特性及蜂巢，有較大的差異，列表區分如後，見表2.2-1。

▌2.2-13 帶鈴腹胡蜂的巢（趙榮台攝）

▌2.2-14 馬蜂巢背面有光澤的膠質可防水
（趙榮台攝）

■2.2-15 五齡馬蜂幼蟲的頭部，工蜂正在飼餵幼蟲（趙榮台攝）

■2.2-16 馬蜂把雨天淋濕蜂巢的水吐出（趙榮台攝）

■2.2-18 聚在巢上越冬的馬蜂（趙榮台攝）

■2.2-17 初羽化的馬蜂躲到巢脾背面休息（趙榮台攝）

## 表2.2-1虎頭蜂與蜜蜂的特性及蜂巢比較

| 蜂類<br>項目 | 虎頭蜂屬（*Vespa spp.*） | 蜜蜂屬（*Apis spp.*） |
|---|---|---|
| 世代 | 一年一個世代，蜂王只活一年。 | 世代重疊，蜂王可活多年。 |
| 階級特化 | 階級特化，一群中有一隻雌性蜂王、少數雄蜂及多數不能生育的工蜂。 | 同虎頭蜂屬。 |
| 變態 | 完全變態有卵、幼蟲、蛹及成蟲。 | 同虎頭蜂屬。 |
| 成蜂活動 | 在與地面平行的巢脾上活動。 | 在垂直的巢脾上活動。 |
| 蜂隻數目 | 1.按種類不同、蜂隻數目不同。<br>2.一群蜂有數百隻到近萬隻。 | 1.按種類不同，蜂隻數目不同。<br>2.一群西方蜜蜂有2~5萬隻。 |
| 食性 | 雜食性。 | 植食性。 |
| 食物 | 成蟲取食含糖分食物，幼蟲食用肉質食物。 | 成蟲取食含糖分食物，工蜂幼蟲食用以花粉為主的蜂糧，蜂王幼蟲及成蜂終生食用工蜂分泌的蜂王乳。 |
| 蜂巢 | 有外巢（外殼）。 | 天然蜂群沒有外巢（外殼）。 |
| 蜂巢質地 | 巢脾及外巢（外殼）是木質纖維。 | 巢脾是工蜂分泌的蠟質。 |
| 築巢位置 | 1.不同蜂種築巢在不同的區域：如都會區、近郊區及山野地區。<br>2.不同蜂種築巢在不同的位置：如高大的樹枝上、低矮的樹叢中、竹管中及地下。 | 1.天然巢脾築造在洞穴中、石縫中及樹洞中等隱蔽處所。<br>2.人工飼養的蜜蜂住在舒適的蜂箱中。<br>3.印度大蜂及印度小蜂的巢脾掛在露天的樹枝上。 |
| 巢脾數目 | 1.巢脾有多片。<br>2.虎頭蜂巢脾數目隨蜂種不同而有差異。 | 1.西方蜜蜂及東方蜜蜂的巢脾有多片。<br>2.印度大蜂及印度小蜂的巢脾只有單片。 |
| 巢脾固著 | 1.外巢頂部固著在樹枝上，內部巢脾一層層向下方平行增加。<br>2.巢脾間有短的小巢柄相連。<br>3.外巢隨蜂隻數目增加，逐漸擴大。 | 1.每片巢脾上方都固著在洞穴、樹洞或樹枝上，垂直向下。<br>2.隨蜂隻數目增加，巢脾一層層平行向兩側增加，巢脾之間不相連。 |
| 巢脾大小 | 1.上方巢脾較小，下方巢脾較大。<br>2.巢脾只在下方有巢室 | 1.天然蜂巢的中央巢脾較大，兩側較小<br>2.巢脾兩側都有巢室（圖2.2-19）。 |

| 巢脾分區 | 巢脾上只有卵、幼蟲及蛹的繁殖區域，沒有貯存食物區域。 | 1.巢脾上有貯存花粉及花蜜區域，也有卵、幼蟲及蛹的繁殖區域。<br>2.蜂王幼蟲住特別的王台，開口朝向下，多築造在巢脾下緣。 |
|---|---|---|
| 巢室 | 巢室向下，其中的幼蟲及蛹頭部朝下方。 | 1.每片巢脾，兩側都有略微向上揚起13度的巢室，以防貯存的蜂蜜流出。<br>2.巢室中的幼蟲及蛹，頭部朝兩側。 |
| 產品 | 不生產蜂產品，蜂毒利用開發中。 | 可生產蜂蜜、蜂王乳、蜂蠟、蜂膠等蜂產品，蜂毒已被利用。 |
| 繁殖 | 1.秋季蜂群中出現有性個體的雌蜂及雄蜂，交尾後的新蜂王尋覓安全地點越冬。<br>2.次年春季築造新巢，開始新世代。<br>3.舊巢通常不再利用。 | 1.春秋兩季食物豐足時，蜂群中出現雄蜂及雌蜂，交尾後分群。<br>2.原蜂巢留給新蜂王使用，老蜂王帶領老部屬飛出另築新巢，稱為分蜂群。<br>3.巢脾接續利用。 |

備註：2003年作者拍攝蜜蜂分蜂群的連續照片，7月12日分蜂群飛出原蜂巢，聚集在蜂巢附近的大樹枝上（圖2.2-20）。經過數天找到新巢位置後移居，7月17日放棄樹上的巢脾（圖2.2-21），7月26日巢脾被破壞消解（圖2.2-22）。

▍2.2-19 西方蜜蜂天然蜂群的巢脾（L. Kandemir，2010）

▌2.2-20 蜜蜂分蜂群2003年7月12日聚集在養蜂場附近的大樹上

▌2.2-21 巢脾7月17日被放棄

▌2.2-22 巢脾7月26日被破壞消解

## 2.2.5 結語

　　黑腹虎頭蜂高掛在大樹上的蜂巢，形狀像「雞籠」，用文字描述總感覺字義難以傳神。沒想到2015年8月16日，參加台中文化創意園區的「品讀北京」文化交流活動，聽到老舍之子舒乙先生主講：「文學與藝術的相遇-齊白石與老舍、胡絜青」，非常精采。尤其在他主編的「老舍藏齊白石畫」書中，竟然看到齊白石大師的「雛雞出籠圖」，真是喜出望外。這正是找了很久的古代「雞籠」（圖2.2-23）。特別截取部分圖像，與讀者分享。

▌2.2-23中國古代的「雞籠」（齊白石畫）

# 2.3 蜂類的螫針

▌2.3-1 無螫蜂（楊維晟圖）

蜂類大部分具有螫針，螫針的功能除了產卵、鑽孔、穿刺及割鋸之外，並且可作為攻擊的武器。此外，蜜蜂科有一種無螫蜂（stingless bees）（圖2.3-1），螫針退化不能螫刺，改以大顎咬「敵害」作為防禦方式。無螫蜂體型像蒼蠅（圖2.3-2），也稱為蒼蠅蜂。嘉義大學的宋一鑫博士，是臺灣唯一研究無螫蜂專家。

螫針是由產卵管特化而來，雌性的蜂王及工蜂有螫針（圖2.3-3），雄蜂沒有蜂針。蜜蜂蜂王的螫針不螫人，只在爭奪王位，與其他處女王搏鬥或破壞王台時使用。至於蜂王產卵，由產卵器基部的生殖孔產出。正常的蜂群中，工蜂生殖能力被抑制，所以不會產卵，其螫針專司攻擊敵害，保護蜂群安全。

▌2.3-2 菲律賓人工飼養的無螫蜂

▌2.3-3 蜜蜂的螫針

## 2.3.1 螫針的構造

胡蜂類的螫針（sting）在腹部的第8~9節，由一根刺鞘（stylet）及兩根細針（lancet）組成（圖2.3-4）。針鞘源自第9節，兩根細針源自第8節，針鞘表面及細針單側外方都有倒刺。兩根細針嵌合在刺鞘內，中央形成一個管狀通道運送毒液（圖2.3-5）。螫人時刺鞘先固定在皮膚上不動，由螫針後方附著的肌肉牽動，兩根細針會相互抽動，螫針就慢慢滑入皮膚，同時毒囊收縮把毒液送出。

蜜蜂螫人後，細針上的倒刺會鉤在皮膚上，連同腹部末節與毒囊一起脫出，持續抽動30~60秒繼續放出毒液，同時放出警戒費洛蒙。失去毒囊及螫刺的工蜂，通常僅能存活數小時，但最長可活3天。

## 2.3.2 毒腺的構造

螫針的基部，連接螫針球（sting bulb）、鹼性腺及毒管。毒管連接毒囊，毒囊與兩條細長毒腺（venom glands）相通。兩條毒腺最後結合成一條管，毒囊儲存毒腺分泌的毒液。螫針不使用時，收到螫針球的基部，末端被螫針刺毛膜包住（圖2.3-6）。

▌2.3-4 螫針由針鞘及兩根細針組成

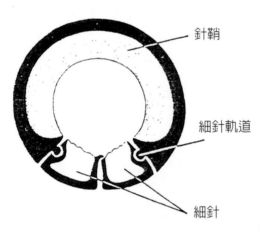

針鞘

細針軌道

細針

▌2.3-5 螫針的縱切面圖（M.Schlusche，1936）

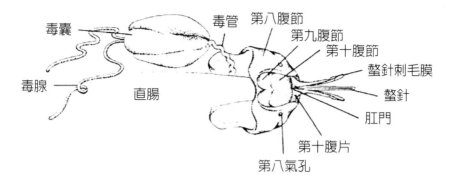

2.3-6 胡蜂的毒腺、毒囊及毒管（M.Schlusche，1936）

　　蜂毒液由毒腺及鹼性腺之分泌物所組成，毒腺又稱為酸性腺（acid gland），可產生蜂毒的活性組織成份，呈酸性。鹼性腺（alkaline gland）又稱為副腺、杜福氏腺（Dufour's gland）或杜氏腺，開口在螫針基部（圖2.3-7），分泌蜂毒中的揮發物質，佔蜂毒的2/3。蜜蜂的鹼性腺主要成份，有乙酸異戊酯及另外十二種以上的微量揮發物。呈香蕉氣味，另具有警報費洛蒙的功能，用來標示「敵害」，或是採集過的花朵。

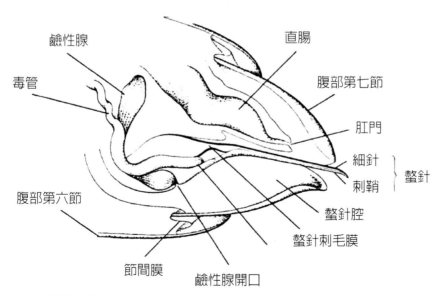

2.3-7 胡蜂的鹼性腺、鹼性腺開口及螫針（M.Schlusche，1936）

蜜蜂工蜂毒腺的含毒量與其日齡有關，剛羽化工蜂的含毒量很少，隨日齡的增長毒量漸多。外出採集蜂的毒量，有100~150微克，20天後毒液量逐漸減少。蜜蜂蜂王的毒腺較工蜂長3倍，儲毒量多5倍，其成份也有差異，蜂王的毒量約700微克。不同蜂種，在不同地區、不同季節的毒量及成份，會有變化。能夠螫刺多次的蜂類，螫刺後送出的毒液量，會依次逐漸減少。

### 2.3.3 螫針的倒刺

　　蜂的種類不同，其螫鞘及細針上的倒刺數目也隨之不同，形狀也略有差異。1974年普爾（D.M.Poore）研究102種蜂類，結果除*Anthophora curta*外，其餘蜂類螫針上都有倒刺。以蜂類細針上倒刺的形狀，分成五種類型，分別是利刃型、鋸齒型、圓型、節凸型及退化型（圖2.3-8）。許多蜂類的倒刺是圓型，在螫刺後，可以拔出後多次使用。蜜蜂、熊蜂的螫針都屬於利刃型，螫人後無法拔出。各種蜂類螫針的長短，也不完全相同。一般而言，蜜蜂的螫針較短、內部的肌肉比較弱，螫人後螫針、毒囊及毒腺都會留在皮膚上（圖2.3-9）。但蜜蜂蜂王的螫針可以多次使用，可能因為細針的倒刺僅有3~5對。西方蜜蜂的螫針約0.25公分。姬虎頭蜂的螫針約0.4公分（圖2.3-10），中華大虎頭蜂的螫針約0.64公分（圖2.3-11）。

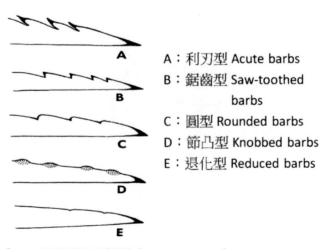

A：利刃型 Acute barbs
B：鋸齒型 Saw-toothed barbs
C：圓型 Rounded barbs
D：節凸型 Knobbed barbs
E：退化型 Reduced barbs

▌2.3-8 蜂類螫針的五種類型（D.M.Poore，1974）

2.3-9 蜜蜂螫人之後

2.3-10 姬虎頭蜂的螫針（李國明攝）

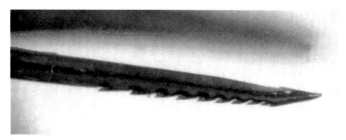
2.3-11 中華大虎頭蜂單隻細針的倒刺

2.3-12 大蜜蜂的蜂群

2.3-13 小蜜蜂的蜂群

　　1989年S.Jayasvasti用掃描式電子顯微鏡研究蜜蜂屬的倒刺，顯示不同蜜蜂針鞘及細針上的倒刺，也各有差異。大蜜蜂（印度大蜂；*Apis dorsata*）（圖2.3-12）工蜂針鞘上的倒刺2~4對，細針上的倒刺有11對。大蜜蜂的體型較大，只有單片巢脾，掛在高大的樹枝上或屋簷下，行為近似蜜蜂。他們沒有外巢，會採蜜並且貯存蜂蜜，是蜜蜂家族的成員。國家地理頻道（National Geographic）出版的「阿薩姆殺人蜂（Deadly Bees of Assam）」DVD光碟，指的就是這種蜂，臺灣沒有這種大蜜蜂。

　　另有一種小蜜蜂（印度小蜂；*Apis florea*）（圖2.3-13），工蜂針鞘上的倒刺4~5對（圖2.3-14），細針上的倒刺有10對。小蜜蜂的體型較小，也是單片巢脾，掛在樹枝上或屋簷下，行為近似蜜蜂。他們沒有外巢，會採蜜並且貯存蜂蜜，也是蜜蜂家族的成員，臺灣也沒有。至於養蜂場飼養西方蜜蜂的工蜂，針鞘上的倒刺2~4對（圖2.3-15），細針上的倒刺有10對（圖2.3-16）。東方蜜蜂的工蜂，針鞘上的倒刺4~5對（圖2.3-17），細針上的倒刺有10對（圖2.3-18）。

▌2.3-14 小蜜蜂針鞘上的倒刺（S.Jayasvasti，1989）

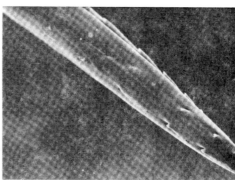

▌2.3-15 西方蜜蜂針鞘上的倒刺
（S.Jayasvasti，1989）

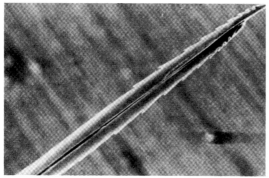

▌2.3-16 西方蜜蜂兩根細針上的倒刺（S.Jayasvasti，
1989）

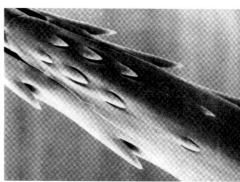

▌2.3-17 東方蜜蜂針鞘上的倒刺
（S.Jayasvasti，1989）

## 2.3.4 結語

　　胡蜂螫人後螫針多不會留針在皮膚
上，螫針可以多次使用。1980年Edwards
認為可能有三個原因：其一，是胡蜂類
的細針的倒刺較鋒利，能夠切斷皮膚的
纖維；其二，是倒刺比蜜蜂小；其三，
是胡蜂的肌肉較蜜蜂強勁，螫人後可以
從皮膚上抽回。但是，部分中華大虎頭
蜂螫人後，螫針會留在皮膚上，本書中
曾有記述。臺灣的虎頭蜂螫針構造及中
華大虎頭蜂螫人後為甚麼留針？是值得
探討的議題。

▌2.3-18 東方蜜蜂細針上的倒刺
（S.Jayasvasti，1989）

# 2.4 神奇的蜂毒

蜜蜂的蜂毒被人們利用，已有久遠的歷史。從古埃及、古印度、敘利亞、古羅馬到中國的傳統醫學，都有蜜蜂蜂毒治療風濕病、類風濕性關節炎、痛風等病症相關的記載。因此要談論蜂毒，還須從蜜蜂的蜂毒說起。

國立中興大學昆蟲系杜武俊教授實驗室，對蜜蜂毒及虎頭蜂毒進行系列研究。2002年發表蜜蜂毒的生物活性探討及基因轉殖表現之研究；之後與臺中榮總徐士蘭博士共同指導謝蕙蓮、江志鴻等人，探討蜂毒對人類皮膚黑色素腫瘤細胞之毒殺作用，顯示高劑量蜂毒可直接毒殺腫瘤細胞，使細胞發生壞死作用，適當劑量蜂毒則可以誘發該腫瘤細胞之細胞凋亡作用。發表蜜蜂毒抑制癌細胞之研究報告。並於2008年，發表蜜蜂的蜂毒肽melittin調控T細胞活性之分子作用機轉。

2011年Wang等，研究報告亦指出蜜蜂毒成份具有抑制細菌、真菌等微生物生長的抗病原微生物之功效。2013年J.L.Hood等研究蜜蜂毒中的蜂毒肽添加於宿主細胞，證實可抑制人類HIV-1病毒的複製作用。此外，近年的相關研究報告指出，蜜蜂毒對腫瘤有一定程度的抑制作用。在動物試驗中，顯示罹患腫瘤的老鼠在使用蜂毒治療後，抑制腫瘤的增長、轉移，甚或導致腫瘤的萎縮。蜜蜂毒被證實具抑制人體腫瘤細胞的作用，具有開發成治療惡性腫瘤化療藥劑的潛力。以上研究顯示，西方蜜蜂（*Apis mellifera*）的蜂毒有許多生物及藥理活性，極具醫療開發價值。

## 2.4.1 蜜蜂毒及生物學效應

蜜蜂毒成份的組成，近二十年才被比較完整的分析出來。蜜蜂毒是有芳香氣味的淺黃色透明液體，略帶苦味，呈酸性，pH值5.0~5.5，比重為1.13，含水量80~88％。室溫下容易乾燥。蜂毒液中另含有以乙酸異戊酯為主的揮發性物質，及異戊乙酸（isopentyl acetate；IPA）、乙酸丁酯（butyl acetate）、乙酸己酯（hexyl acetate）等成份之警戒費洛蒙。蜂毒溶於水及酸，但不溶於酒精，液態蜂毒不穩定；蜂毒乾燥後

穩定性強，加熱至攝氏100度，經過10天不會發生變化。而蜂毒冷凍乾燥後，毒性可保持數年不減。

蜜蜂毒為成份複雜之混合物，蛋白質佔75%，鈣、鎂、銅、鈉、鉀等元素佔3.67%。還有多種胜肽類、酶類、生物胺、膽鹼、甘油、磷酸、脂肪酸、脂類、碳水化合物，多種遊離胺基酸等。蜜蜂毒的成份會隨著採樣取毒的季節、地區及成蜂日齡不同，而略有差異。主要有效成份，是蜂毒肽、蜂毒神經肽、磷脂酶A2、透明質酸酶、組織胺、多巴胺等。1986年Banks & Shipolini記錄的西方蜜蜂的蜂毒成份，如表2.4-1。

表2.4-1西方蜜蜂的蜂毒成份（Banks & Shipolini，1986）

| 化合物種類 | 化合物 | 乾重比（%） | nmol/螫刺量 |
|---|---|---|---|
| 胜肽類 | 蜂毒肽（melittin） | 40-50 | 10-20 |
| | 蜂毒溶血肽-F（melittin-F） | 0.01 | 0.003 |
| | 蜂毒神經肽（apamin） | 3.00 | 0.75 |
| | MCD肽（mast cell degranulating peptide） | 2.00 | 0.6 |
| | 賽卡平（secapin） | 0.5 | 0.13 |
| | 托肽平（tertiapin） | 0.1 | 0.03 |
| | 普卡安procamine A，B | 1.4 | 2.0 |
| 酶類 | 磷脂酶A2（phospholipase A2） | 10-12 | 0.23 |
| | 透明質酸酶（hyaluronidase） | 1-2 | 0.03 |
| | 酸性磷酸脂酶 | 1.0 | — |
| | α-D-glucosidase 配糖酶 | 0.6 | — |
| | 溶磷脂酶（lysophospholipase） | 1.0 | 0.03 |
| 非肽類物質 | 組織胺（histamine） | 0.66-1.6 | 5-10 |
| | 多巴胺（dopamine） | 0.13-1.00 | 2.7-5.5 |
| | 正腎上腺素（noradrenaline） | 0.1-0.7 | 0.9-4.5 |

## 1.胜肽類（多肽類）

### （1）蜂毒肽（melittin）

又稱蜂針素、蜂毒多肽或蜂毒溶血素。由26個胺基酸組成，分子量為2,840 Dalton，是蜂毒的主要蛋白物質，約佔蜂毒成份的

50％。蜂毒肽會以四個分子為一單位與細胞膜結合，改變細胞及紅血球的完整性及通透性，造成細胞穿孔並導致細胞崩解，可直接引起紅血球溶解，並引起疼痛。蜂毒肽的胺基酸排列，可能隨蜜蜂的品系不同略有差異，但並不影響生理活性。蜂毒肽具有降低血中膽固醇的作用，以及抗細菌及抗炎症等作用，具有很高的醫療價值。

（2）蜂毒神經肽（apamin）

又稱蜂毒素、蜂毒明肽或蜂毒神經毒。由18個胺基酸組成，分子量為2,035 Dalton的胜肽類，佔蜂毒乾重2~3％。蜂毒神經肽是一種很強的神經毒素，且是已知動物神經毒素中分子最小的神經毒。會影響脊髓功能，引起強烈反應，肌肉痙攣及抽搐，為引起各種神經症狀的主要胜肽類。蜂毒神經肽可以通過各種給藥途徑穿過血腦屏障，作用於中樞神經，目前已經可以人工合成。

（3）MCD肽（mast cell degranulating peptide）

又稱肥大細胞脫粒肽。功能類似虎頭蜂的mastoparan。由22個胺基酸組成的胜肽類，分子量為2,593 Dalton，佔蜂毒乾重2~3％。化合物MCD肽能使動物的肥大細胞脫粒，與眼鏡蛇類的毒性相近，具有抗炎作用。對於中樞神經也有活性，德國已經有人工合成的製品。

（4）其他肽類

心臟肽（cardiopep）、組織胺肽（histapeptid）、賽卡平（secapin）、托肽平（tertiapin）、蜂毒溶血肽-F（melittin-F）、安度拉平（adolapin）、普卡安（procamine A，B）等。

## 2.酶類

酶類有55種以上，重要的種類，如表2.4-1。

（1）磷脂酶A2（phospholipase A2）

佔蜂毒成份約12％，分子量14,500 Dalton，由129個胺基酸組成。磷脂酶A2能迅速水解生物膜，使蜂毒的其他成份容易進入膜內，發揮蜂毒的生物活性。蜜蜂毒溶血性的成份以蜂毒肽為主，與磷脂酶A2間具有協力作用。

（2）透明質酸酶（hyaluronidase）

佔2~3%，分子量為35,000 Dalton。生物活性很強，無直接毒性。但能促使蜂毒成份在局部滲透及擴散，為一種普遍存在的動物性毒素，其作用是使細胞黏聚在一起。

（3）其他酶類

酸性磷酸脂酶、鹼性磷酸脂酶、C3和C4脂肪酶等。另有酶抑制劑，是多價的蛋白酶抑制劑，屬鹼性低分子多酶，分子量為9,000 Dalton。耐熱、本身不會被胃蛋白酶水解，也可保護透明質酸酶及磷脂酶A2的各種活性不被胃蛋白酶水解。

## 3.非肽類物質

（1）組織胺（histamine）

佔蜂毒成份之0.1~1.5%。組織胺會引起發炎及對血管作用，可加速毒液被吸收。引起平滑肌及骨骼肌緊張收縮，造成皮膚疼痛。

（2）多巴胺（dopamine）

工蜂在14~15日齡時，約佔0.8%。是正腎上腺素的前身。

（3）正腎上腺素（noradrenaline）

有收縮血管作用，是蜂毒中的抗炎物質。另有胺類腐胺（putrescin）、精胺（spermine）、及亞精胺（spermidine）等。

（4）其他有機物質

甘油、磷酸、蟻酸、脂肪酸、脂類、碳水化合物，及19種遊離胺基酸等。

　　1986年房柱教授記載蜜蜂毒，主要成份的生物學效應，如表2.4-2。蜜蜂毒中含有較多的蛋白質成份，比虎頭蜂毒更容易引起過敏反應。

表2.4-2蜜蜂毒主要成份的生物學效應（房柱，1986）

| 生物學效應 | 組織胺 | 蜂毒肽 | 蜂毒神經肽 | MCD-肽 | 透明質酸酶 | 磷脂酶A2 |
|---|---|---|---|---|---|---|
| 對中樞神經系統影響 | 0 | + | ++ | 0 | 0 | + |
| 神經節阻滯作用 | 0 | ++ | 0 | - | 0 | 0 |
| 對神經肌肉傳導的影響 | 0 | ++ | 0 | - | 0 | + |
| 對血液凝固的影響 | 0 | + | 0 | - | 0 | + |
| 直接溶血作用 | 0 | ++ | 0 | 0 | 0 | 0 |
| 間接溶血作用 | 0 | 0 | 0 | 0 | 0 | ++ |
| 表面活性 | 0 | ++ | - | - | 0 | 0 |
| 細胞膜損害 | 0 | ++ | - | +* | 0 | + |
| 組織醚釋放 | 0 | ++ | 0 | ++ | 0 | + |
| 對血液循環的影響 | ++ | ++ | 0 | + | 0 | + |
| 毛細血管通透性增加 | ++ | ++ | + | ++ | + | + |
| 興奮垂體—腎上腺系統 | - | + | + | + | 0 | 0 |
| 抗炎作用 | 0 | + | + | ++ | 0 | 0 |
| 抗原活性 | 0 | + | 0 | 0 | + | ++ |
| 對平滑肌的影響 | ++ | ++ | 0 | 0 | 0 | + |
| 局部致痛 | ++ | ++ | | - | 0 | - |
| 小鼠腹腔注射的LD50（毫克／公斤體重） | >192 | 4 | 4 | 40 | 0 | 75 |

*使肥大細胞脫粒

## 2.4.2 蜜蜂毒的應用

　　1888年維也納醫學週刊報導，奧地利醫師特爾奇（P.Tertsch）用蜂螫治療風濕病173個病例，為蜂療開創臨床研究的基礎。科學性的研究，始於19世紀末期。20世紀的30年代蜂毒療法在歐洲盛行，並且研製蜂毒針劑。後來，發現蜂毒針劑效果不如使用活蜂直接螫刺有效，因此美國貝克博士（B.F.Beck）不再使用蜂毒針劑，並於1935年出版《蜂毒療法；Bee Venom Therapy》的著作。蜂毒療法是一種利用蜜蜂螫針螫刺人體的治病方法，蜂毒療法可治療風濕性關節炎、類風濕性關節炎、坐骨神經痛等症狀，具有相當的療效。1997年貝克博士再度出版《蜂療聖典；The Bible of Bee Venom Therapy》，成為蜂毒療法的經典，目前蜂毒療法（Apitherapy）已經成為許多國家的民俗療法。

1941年蘇聯阿爾捷莫夫教授（H.M.ApTemob）出版《蜂毒生理學作用和醫療應用》，引起科學家對蜂毒醫療研究的興趣。1950年代諾曼及哈伯曼（Neumann 及Habermann）分析蜜蜂蜂毒成份具生物活性之物質。1974年曾經在印度馬德里，召開第一屆國際蜂療學術研討會。1986年Banks & Shipolini指出，此期在德國、奧大利、英國、法國、瑞士、加拿大、美國、俄國（圖2.4-1）及保加利亞等，都有專門的研究小組，針對蜂毒成份及各種化合物進行深入研究。

*Beekeeping Products*

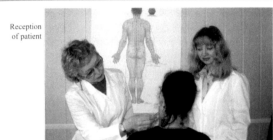

Reception of patient

Correct seizure of bee

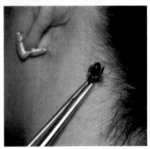

The bee should be applied by its abdomen to the marked area

The process of stinging

The stinger continues to go into the skin

▌2.4-1 俄國的蜂毒療法

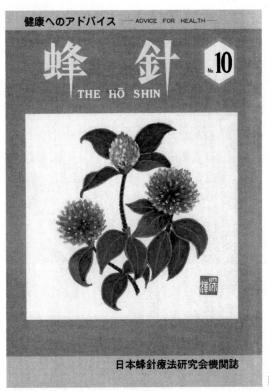

健康へのアドバイス ——ADVICE FOR HEALTH——

# 蜂 針 No.10
## THE HŌ SHIN

日本蜂針療法研究会機関誌

■2.4-2 日本的蜂針雜誌

　　蜂毒療法在東方國家稱為蜂針療法，1956年中國房柱教授開始研究蜂療，1959年提出結合民間蜂針療法與經絡學說，發展出一套完整的《蜂針療法》。1976年日本由養蜂新聞社，成立「日本蜂針療法研究會」，以促進養蜂事業及蜂針療法的發展為主，並發行「蜂針」雜誌（圖2.4-2）及出版《蜜蜂健康法——癌症挑戰》等專書。大陸福建農林大學，1981年開設蜂學系，設有蜂療研究所，繆曉青所長以蜂毒為主要成份開發的「神蜂精」，對多種疾病有特殊效果，特別對椎間盤突出效果良好。1984年韓國成立蜂針療法研究會。1991年國際性的組織「國際蜂療保健和蜂針研究會」成立，有十二個國家的代表參加，召開國際學術研討會並出版專輯，由房柱教授擔任第一屆會長。1997年中國大陸的中醫蜂療學編委會，由王金庸等主編，數百位知名學者專家共同執筆出版《中醫蜂療學》，篇幅達1,226頁的鉅著。該書對於各種蜂產品及蜂毒在醫療方面的研究，如蜂毒用於治療類風濕性關節炎等，都有詳細的記述。

臺灣在蜂針療法方面的起步較晚，臺中高農的蔣永昌老師飼養蜜蜂40餘年，潛心研究蜂針療法20餘年。1983年7月，作者在臺灣省立博物館辦理「蜜蜂與蜂產品特展」之際，邀請蔣老師發表「漫談蜂針」演講並示範。因為當年教育部對於蜂針療法並不認同，竟遭教育部關切，並且指示停止演講。其後，引起媒體關懷，讀者書函不斷，於是1985年蔣老師出版《蜂毒與針灸》，書中記述以蜂針治療疑難雜症的經驗。1992年蘇瑛奇先生，在彰化市成立「中華民國蜂針研究會」，並擔任第一屆理事長，20多年來幫助了許多特殊疾病患者。

蜂毒對免疫系統的疾病，有良好的醫療效果，雖然未經西方正統醫學認同，但是在中外傳統醫學的應用及研究，已有良好的基礎。Discover Channel曾經出版「救命之吻」DVD光碟，介紹美國對蜂毒的研究，在治療「慢性疲勞症」及「多發性硬化症」有實質效果。但是，美國使用蜂毒治療仍在實驗階段，目前尚未獲得食品藥物管理局的認可。期望不久的將來，蜂毒的療效能被醫學界認同，並成為人類未來的神奇良藥。

## 2.4.3 虎頭蜂毒及生物學效應

虎頭蜂毒的成份以蛋白質酶、胜肽類及一些胺基酸為主。1979年Y.T. Hirai等人，最初在一種黃胡蜂屬*Vespula lewisii*蜂的毒液中分離出mastoparan，是胡蜂科蜂類常見之蜂毒成份，由14個胺基酸所組成，具有典型抗菌蛋白的特性。

1980年R.Edwards報告，胡蜂、虎頭蜂及蜜蜂的蜂毒主要成份對照，如表2.4-3。蜜蜂毒中含有蜂毒肽，虎頭蜂毒中沒有。胡蜂、虎頭蜂毒成份中有5-羥色胺（5-hydroxytryptamine）、腎上腺素（adrenaline）、胡蜂致活素（wasp kinins 1 & 2）、虎頭蜂致活素（hornet kinins）、磷脂酶B（phospolipase B）、酸性磷酸酶（acid phosphatase）及histidine decarboxylase。

表2.4-3胡蜂、虎頭蜂及蜜蜂的蜂毒主要成份對照（R.Edwards，1980）

| 項目 蜂類 | 胡蜂 wasp | 虎頭蜂 hornet | 蜜蜂 honey bee |
|---|---|---|---|
| Biogenic amines | 組織胺（histamine） | 組織胺（histamine） | 組織胺（histamine） |
| | 5-羥色胺（5-hydroxytryptamine） | 5-羥色胺（5-hydroxytryptamine） | — |
| | — | acetylcholine | — |
| | 多巴胺（dopamine） | 多巴胺（dopamine） | 多巴胺（dopamine） |
| | 正腎上腺素（noradrenaline） | 正腎上腺素（noradrenaline） | 正腎上腺素（noradrenaline） |
| | 腎上腺素（adrenaline） | 腎上腺素（adrenaline） | — |
| Peptides | 胡蜂致活素（wasp kinins 1 & 2） | — | — |
| | — | 虎頭蜂致活素（hornet kinins） | — |
| | — | — | 蜂毒神經肽apamin |
| | — | — | 蜂毒肽melittin |
| Enzymes | 磷脂酶A（phospholipase A） | 磷脂酶A（phospholipase A） | 磷脂酶A（phospholipase A） |
| | 磷脂酶B（phospolipase B） | 磷脂酶B（phospolipase B） | — |
| | 透明質酸酶（hyaluronidase） | 透明質酸酶（hyaluronidase） | 透明質酸酶（hyaluronidase） |
| | 酸性磷酸酶（acid phosphatase） | — | — |
| | histidine decarboxylase | — | — |
| Free amino acids | many | many | many |

　　1984年美國A.T.Tu教授主編的《無脊椎動物的毒素及過敏；Insect Poisons， Allergens， and other Invertebrate Venoms》書中，詳細解析有關各類蜂毒的成份、生化特性及藥理作用等。

　　1986年T.Nakajima研究中華大虎頭蜂、擬大虎頭蜂、黃腰虎頭蜂、姬虎頭蜂四種虎頭蜂毒，結果顯示蜂毒成份均有差異，如表2.4-4。且

同一種蜂類的不同種，其蜂毒的成份也不盡相同。如中華大虎頭蜂及擬大虎頭蜂的蜂毒中，不含多巴胺，各種成份含量也不相同。

表2.4-4四種虎頭蜂的主要蜂毒成份（T.Nakajima，1986）

| 虎頭蜂<br>種類 | 血清促進素<br>（serotonin） | 組織胺<br>（histamine） | 酪胺<br>（tyramine） | 多巴胺<br>（dopamine） |
|---|---|---|---|---|
| 中華大虎頭蜂<br>（Vespa mandarinia） | 5.8（56.0） | 4.3（42.0） | 0.2（2.0） | — |
| 擬大虎頭蜂<br>（Vespa analis） | 3.1（72.1） | 1.1（25.6） | 0.1（2.3） | — |
| 黃腰虎頭蜂<br>（Vespa affinis） | 3.4（56.7） | 2.2（36.7） | 0.3（5.0） | 0.1（1.7） |
| 姬虎頭蜂<br>（Vespa ducalis） | 12.1（76.6） | 3.4（21.5） | 0.1（0.6） | 0.2（1.3） |

* $\mu$ g/venom sac. The values in %。

中央研究院何純郎博士，1984年投入臺灣虎頭蜂毒的研究。自從1985年能夠取得大量蜂毒後，著重於分子量大於10,000的部分進行研究，將虎頭蜂毒主要成份的致死蛋白（lethal protein）分離出來，有磷脂酶A1（phospholipase A1）活性毒素。磷脂酶A1對於血液的間接溶血作用，較磷脂酶A2強兩倍；此種溶血作用，可以引起腎臟衰竭及電解質異常如高血鈣等，是蜂毒蛋白導致死亡的主因之一。虎頭蜂毒中尚有mastoparan、血清促進素（serotonin）等其他成份，有加強其毒性之作用。而蜂毒蛋白中的血清促進素、mastoparan及蛋白質分解脢，是引起被螫部位腫脹的主要成份。

1988年何純郎等，發表虎頭蜂抗毒血清及特異性抗毒素之製備及其應用之研究；1991年，又發表黑腹虎頭蜂蜂毒胜肽之藥理作用研究；此後，陸續於其他胡蜂毒液中分離出具有抗菌活性之mastoparan的類似物。1993年指出，黃腰虎頭蜂的蜂毒是黃色透明液體，pH值介於6.0~6.5，而黃腰虎頭蜂因毒囊小、毒液少。初步研究黃腰虎頭蜂毒的毒性不強，不會強過蜜蜂毒，螫人很少致死。但是黑腹虎頭蜂毒液的毒性強，中華大虎頭蜂的體型大、毒囊大及毒液較多。比較蜂類毒囊中的毒液含量，西方蜜蜂147mcg，中華大虎頭蜂1,100mcg。黑腹虎頭蜂的毒囊充滿時，約有5微升（$\mu$l）毒液。1997年，有黑腹胡蜂毒胜肽之

分離及其化學結構與生物活性之研究；1998年有，黑腹虎頭蜂毒液具會引起老鼠皮下水腫之胜肽成份之研究。

　　2006年杜武俊等，發表由黃腰虎頭蜂毒液中分離出mastoparan-AF抗菌胜肽。2011年林峻賢等，發表6種臺灣產虎頭蜂蜂毒液中的小分子mastoparan之生物特性；並進一步研究其生物活性、抗菌活性試驗，顯示對革蘭氏陽性菌及革蘭氏陰性菌皆具有抑菌效能，其中包括多重抗藥性菌株。同時在其溶血活性之探討結果顯示，此胜肽在抗菌有效濃度下，僅對人類紅血球造成非常輕微的溶血現象。2013年楊景岳等，發表黑腹虎頭蜂毒質胜肽mastoparan-B及其特定胺基酸取代類似物之抗氧化性和抗菌性探討。

### 2.4.4 虎頭蜂毒的應用

　　「虎頭蜂毒」是否與「蜜蜂毒」有同樣的醫療效果呢？1984年郭木傳教授記述，1983年8月間，膝蓋骨膜發炎，痛得難以忍受。捉黃腰虎頭蜂在患部連螫兩針，第二天幾乎痊癒。虎頭蜂毒是否可以做為「蜂針療法」，有待進一步研究。但是，隨時取得大量虎頭蜂，作為「蜂針療法」之用，確有實質上的困難。

　　2013年，徐慶霖發表的「虎頭蜂毒與中草藥萃取對抗臨床病原菌之研究」，以黃腰虎頭蜂毒及中草藥為標的，開發出新的抗菌物質為研究目標。虎頭蜂毒的研究及應用，尚待專家學者繼續努力，期盼有更多的驚人發現。

### 2.4.5 結語

　　杜武俊教授在蜂毒方面有系列的專業研究，特別商請將珍貴資料名錄，包括博碩士論文、研究報告、蜂毒參考網站等，列於附錄3，提供大眾參考。

# 2.5 虎頭蜂群的一年

　　虎頭蜂蜂群（colony）一年一個生命週期，正常的蜂群中只有一隻雌性蜂王，其餘都是不能生育的雌性工蜂。秋季蜂巢中將出現有性個體，秋末冬初雌蜂與雄蜂交尾。交尾後雄蜂死亡，雌蜂會躲在地穴中、樹洞中及屋簷縫隙等地方越冬。虎頭蜂群的生命週期，分別為蜂群建立期、蜂群增殖期、蜂群繁殖期及蜂群解體期。

## 2.5.1 蜂群建立期

　　1984年郭木傳教授在嘉義的研究，黃腰虎頭蜂交尾後的新蜂王，每年3~5月，陸續由蟄伏處甦醒開始活動，是蜂群建立期開始。蜂王要自行覓食，維持自身的營養，並要築造蜂巢。為了確保新的生命週期可以完成，必須選擇避風雨、安全又隱蔽的位置築巢。

　　接著採集築巢的材料，蜂王飛到樹上刮取木材纖維，加上唾液成為一個球狀，帶回築巢。剛築造的小巢，就有一個外殼或稱外巢（圖2.5-1.1），內部有一個小巢脾，巢脾上有六角形巢室，開口朝下。最初內有7個巢室，蜂王在巢脾的巢室中產卵。外巢內部與巢脾之間，有一個「小巢柄」連接（圖2.5-1.2）。外巢像個倒掛的小碗（圖2.5-1.3），懸掛在附著的樹枝或屋簷下，小碗的開口朝下方（圖2.5-2），巢室逐漸增加到13個（圖2.5-1.4）。蜂王產卵之外，要採集食物飼餵幼蟲，並兼任守衛工作。

　　小碗狀的外巢經兩周後，會被包覆起來成圓球形，下方留有出入口（圖2.5-1.5）。蜂巢逐漸加大，出入口下方會造出一根管子（圖2.5-1.6），並逐漸加長，保護內部幼蟲（圖2.5-1.7~12）。看起來像小葫蘆狀，出入口朝下。第一代工蜂羽化後，將下方的長管咬除（圖2.5-1.13）。約到第六周，蜂巢略成圓球形（圖2.5-1.14），側面的下方開一圓形出入口（圖2.5-1.15）。最初完成的蜂巢，直徑約有6公分，一個巢脾內有10~30個巢室。卵期6天（圖2.5-3）；幼蟲期15天（圖2.5-4）；封蓋期含老幼蟲3天、前蛹期3天、蛹期12天及羽化前期1~2天（圖2.5-5），共計19~20天。由卵到羽化為成蜂（圖2.5-6），總計40至41天。

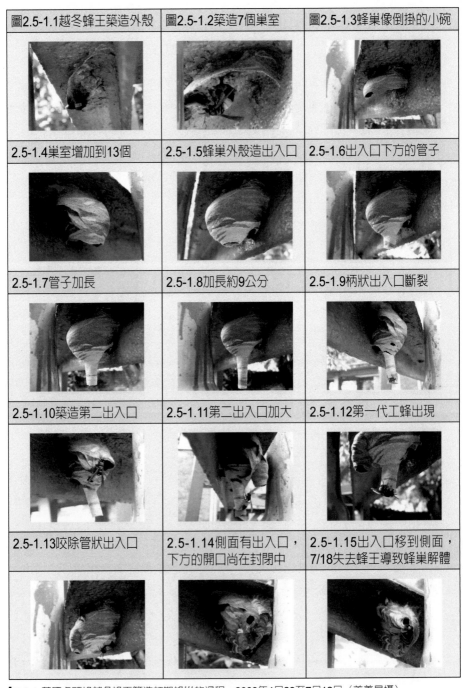

| 圖2.5-1.1越冬蜂王築造外殼 | 圖2.5-1.2築造7個巢室 | 圖2.5-1.3蜂巢像倒掛的小碗 |
|---|---|---|
| 2.5-1.4巢室增加到13個 | 2.5-1.5蜂巢外殼造出入口 | 2.5-1.6出入口下方的管子 |
| 2.5-1.7管子加長 | 2.5-1.8加長約9公分 | 2.5-1.9柄狀出入口斷裂 |
| 2.5-1.10築造第二出入口 | 2.5-1.11第二出入口加大 | 2.5-1.12第一代工蜂出現 |
| 2.5-1.13咬除管狀出入口 | 2.5-1.14側面有出入口，下方的開口尚在封閉中 | 2.5-1.15出入口移到側面，7/18失去蜂王導致蜂巢解體 |

▌2.5-1 黃腰虎頭蜂越冬蜂王築造初期蜂巢的過程，2003年4月23至7月18日（姜義晏攝）

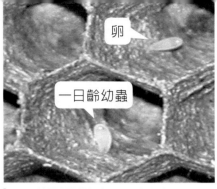
卵
一日齡幼蟲

▌2.5-2 新蜂王及初期蜂巢（郭木傳攝）　　▌2.5-3 黃腰虎頭蜂的卵及一日齡幼蟲

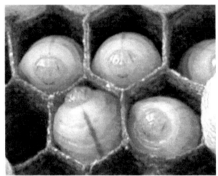

▌2.5-4 黃腰虎頭蜂的幼蟲　　　　　　　▌2.5-5 黃腰虎頭蜂的蛹

▌2.5-6 剛羽化的成蜂、幼蟲及蛹

　　1992年馬丁研究日本黃腰虎頭蜂，與臺灣的報告略有差異。卵期約6.5~7.5天，幼蟲期8~22天，封蓋（幼蟲＋蛹）期16~18天，第一隻工蜂羽化平均34~36天。產卵數量可達54粒，平均每天7~9.5粒。開始築巢的前10天，每天約可造1.2~1.5個巢室。營巢的第一個月，蜂巢中約有30個巢室。

## 2.5.2 蜂群增殖期

　　第一批工蜂羽化後，負起了蜂巢中的各項工作，蜂王就可專心產卵，不再兼職。蜂巢內原先只有一層巢脾，工蜂數目逐漸增加後，會向下方築造第二層巢脾。第二層巢脾比第一層略大，巢室的數目也較多，蜂巢的外巢也逐漸加大。一個發育正常的蜂群，到6月初，蜂隻數目維持20~30隻。巢脾逐漸向下方一層又一層的增加，外巢也隨之擴大。

　　蜂王不停的產卵，新工蜂逐漸增多。7月初，蜂隻數增加到70~80隻。8月初，蜂隻數有200~300隻，蜂巢再隨之加大。9月初，蜂數可達600~1,000隻。蜂巢的直徑可擴展到30公分，蜂巢內的巢脾有6~8片。5~9月是蜂群增殖期。隨著食物來源多寡及氣候變化等因素，增殖期有時會延遲到10月。

## 2.5.3 蜂群繁殖期

　　工蜂增殖到一個程度，天氣開始轉涼時，蜂王將產下未受精卵。未受精卵發育成雄蜂，此時是繁殖期開始。工蜂加速築造巢脾，加寬巢脾及增加巢脾數目，工蜂將倍數增加，可見到許多工蜂在蜂巢的表面築造外巢。先做成小帳棚狀的突起，外巢連接後，將內部打通。在蜂巢表面會看到好幾組工蜂，同時進行築造外巢。外巢與樹枝連結的部位，結構必須補強，才能承受逐漸加重的蜂巢。

　　蜂巢漸呈橢圓形，通常直徑可達22~36公分、高26~40公分。工蜂忙碌得飛出飛入，採集築造蜂巢的材料及食物。蜂王產卵速度增加，不但在築造的新巢室產卵，使用過的舊巢室也會產卵。蜂王老化或是失去蜂王後，有孤雌生殖現象。一個新巢室會產下2~3個卵，舊巢室也產下2~3個卵，一個巢室中最多有6個卵。9~10月份蜂群中會出現雄蜂及雌蜂，老蜂王將與新生雌蜂共存。

### 2.5.4 蜂群解體期

　　10~11月處女王與雄蜂交尾，交尾過的新蜂王越冬。當年的老蜂王、工蜂及雄蜂相繼死亡，蜂群隨之解體，蜂群中通常只剩下數十隻交尾過的新蜂王。虎頭蜂依種類不同，有性個體的數目差異很大。新蜂王會聚成小群，躲在地穴中、樹洞中、屋簷縫隙、包覆電線的塑膠管內，度過冬季。次年春暖花開，新蜂王在老蜂巢的附近，另築造新蜂巢，開始新的生命週期。去年築造的老巢，通常不再使用成為空巢（圖2.5-7）。在地下築巢的中華大虎頭蜂，也會築造外巢，蜂巢出入口另有通道連接到地面。

　　同一種虎頭蜂，會受氣候變化、棲息地區及棲息環境等的影響，以致生命週期產生變化，四個時期的長短也略有調整。

▌2.5-7 黑腹虎頭蜂廢棄的巢

# 2.6 虎頭蜂的採集物

　　虎頭蜂的採集物，有木質纖維、水分、花蜜（或含糖分食物）及肉類四種。虎頭蜂的工蜂每次外出採集的物質，都不相同。一般而言，最先採集木質纖維，其次是花蜜或含糖食物，最後採集肉類。中午時段氣溫較高時，大部分工蜂只採集水分。採集物與蜂群生命週期有密切關係，各期蜂群的需求都不相同，採集物也各異。

## 2.6.1 採集木質纖維

　　虎頭蜂採集木質纖維，作為築巢的材料。需要的時候，就出動採集，採回後馬上使用。木質纖維有採自活的樹木，也有採自樹木的枯萎部分，例如枯死腐爛的樹枝、樹葉、圍籬的腐敗木質、風化木剝離的樹皮、朽木的粉狀物、杜鵑葉背面毛茸茸的絨毛、老楊樹剝落的樹皮、硬的蔬菜纖維、修剪的柳樹枝條、草的種子及貯存的羊毛服裝等。採集築巢材料的不同，所築造的蜂巢顏色也隨之變化。採集腐爛樹枝築造的巢，蜂巢的顏色較深。在繁殖期，築造外巢的速度很快，採集木質纖維的需求增加，將採集各種可供築巢的物質。

　　虎頭蜂巢與樹幹的連接處，以及巢脾與巢脾間的小巢柄，都有很強的支撐力。如果築巢的材料只有木質纖維，恐難以支撐蜂巢的重量，推測樹脂可能是一種重要的原料。但在研究文獻中，並沒有虎頭蜂採集樹脂的記錄。但是筆者在2007年7月12日錄影時，錄到馬蜂（長腳蜂）、姬虎頭蜂（圖2.6-1）及黑腹虎頭蜂（圖2.6-2）在白蠟樹（*Fraxinus formosana*）的樹皮上，疑似在採集樹脂。虎頭蜂是否確實採集樹脂，及與築巢的關係，有待進一步研究。白蠟樹也稱臺灣光蠟樹，是鞘翅目昆蟲獨角仙最喜歡啃食的樹種。

　　人們未來的建築物，可嘗試向虎頭蜂學習，參考虎頭蜂的築巢材料。回收資源再利用，研製成新的建築材料，使得建築物有良好的防水、隔熱及保溫效果。

▌2.6-1 姬虎頭蜂採集樹脂　　　　　▌2.6-2 黑腹虎頭蜂採集樹脂

## 2.6.2 採集水分

　　虎頭蜂巢內的溫度，維持在28～32℃。通常蜂巢內的日間溫度略高，夜間溫度較低。天氣太熱時，虎頭蜂會外出採集水分（圖2.6-3），以降低蜂巢中的溫度。除了採水降溫之外，還會在門口扇風降溫，與蜜蜂的行為相似。虎頭蜂採回的水分，先放在外巢及巢脾上，藉扇風把水分蒸發，降溫較快。溫度過高時，虎頭蜂會在外巢上開小洞，或是飛出巢外一會兒，等巢內溫度降低後再返回。

▌2.6-3 黃腳虎頭蜂採水

▌2.6-4 黑腹虎頭蜂採蜜（林義祥攝）

▌2.6-5 姬虎頭蜂採蜜（林義祥攝）

### 2.6.3 採集花蜜或含糖食物

　　虎頭蜂採集食物，並不貯存在蜂巢中。許多馬蜂巢室中也不貯存食物，巢脾上巢室的開口向下方，不適於貯存食物。這種行為與蜜蜂完全不同，蜜蜂會把採集的蜂蜜及花粉，貯存在巢脾上的巢室中。是因蜜蜂巢脾上巢室的開口向兩側，適於貯存食物。

　　虎頭蜂取食含糖的液態食物，包括蚜蟲分泌的蜜露、樹的汁液及花蜜等。虎頭蜂造訪植物時，以吸食花蜜為主，可見到黑腹虎頭蜂採蜜（圖2.6-4）、姬虎頭蜂採蜜（圖2.6-5）。尤其對水黃皮、大王椰子、山葡萄、山鹽青、山毛櫸及楠木等植物特別喜好，花開時會有很多虎頭蜂聚集。虎頭蜂叮咬水果類，喜好植物汁液，咬破樹皮取食鳳凰木汁液，但也會同時幫助野生植物傳布花粉。

▌2.6-6 姬虎頭蜂取食蓮霧（李國明攝）

▌2.6-7 姬虎頭蜂取食龍眼（李國明攝）

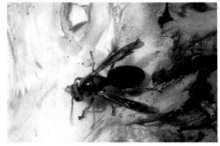
▌2.6-8 黑腹虎頭蜂取食波蘿蜜甜汁（李國明攝）

▌2.6-9 中華大虎頭蜂取食舊巢脾中的蜂蜜

▌2.6-10 姬虎頭蜂取食割除贅脾中的蜂蜜

▌2.6-11 黃腳虎頭蜂取食割除贅脾中的存蜜

　　虎頭蜂只對過熟、有外傷或破皮的水果，有興趣咬食，例如蘋果、香蕉、蓮霧（圖2.6-6）、梨子、梅樹、梨樹、葡萄、龍眼（圖2.6-7）、蘋果、波羅蜜（圖2.6-8）及黑莓等。此外，還會採集果皮汁液、果汁、汽水、果醬、啤酒及糖水等。虎頭蜂也會飛到養蜂場中，尋覓舊巢脾中的蜂蜜，曾見到中華大虎頭蜂正在取食存蜜（圖2.6-9）。也取食割除贅脾中的存蜜，有照片記錄中華大虎頭蜂、姬虎頭蜂（圖2.6-10）、黃腰虎頭蜂及黃腳虎頭蜂（圖2.6-11）的取食習性。

### 2.6.4 採集肉類

　　特別是在春季溫度較低的時期，虎頭蜂採集肉類供幼蟲發育的營養。虎頭蜂是雜食性，最喜好獵捕身體較軟的小昆蟲，如夜蛾、捲葉蛾、尺護蛾等，體表沒有毒毛的種類。其次是捕捉膜翅目的小型蜂類，雙翅目蠅類的成蟲及幼蟲，不論死活都會採集。虎頭蜂獵食蒼蠅，有專家在虎頭蜂巢出入口觀察，每小時捕獲200餘隻蒼蠅。虎頭蜂也獵捕牛隻身上的蒼蠅，20分鐘內可捕捉200~300隻。虎頭蜂喜好獵捕蜜蜂（圖2.6-12），包括成蜂、幼蟲及蛹。虎頭蜂獵捕到昆蟲後，會先把頭部翅及足咬掉，將肉質多的胸部帶回巢中。回巢之後，先將食物咀嚼後再餵飼幼蟲，或是交給內勤蜂咀嚼成肉丸餵幼蟲。虎頭蜂不喜好刺蛾、蚜蟲、三齡以上的毒蛾、枯葉蛾幼蟲及體型太大的幼蟲，大型的虎頭蜂類會獵捕蝗蟲、蟋蟀及蜂類等較大的昆蟲。

▍2.6-12 中華大虎頭蜂獵捕蜜蜂

▋2.6-13 中華大虎頭蜂獵捕黃馬蜂（李國明攝）

▋2.6-14 中華大虎頭蜂取食黃馬蜂的幼蟲（李國明攝）

▋2.6-15 黃腰虎頭蜂取食魚肉（趙仁方攝）

▋2.6-16 黃腰虎頭蜂鑽入魚肉中取食（趙仁方攝）

　　大型的虎頭蜂也會獵捕小型的胡蜂類，如中華大虎頭蜂捕捉黃馬蜂（圖2.6-13），並取食幼蟲（圖2.6-14），到了秋季的蜂群繁殖盛期，蜂群中育有大量的幼蟲。食物的需求量大增，獵捕量也隨之大增。養蜂場、垃圾場、畜牧場常有牠們的蹤跡，也會在菜市場的肉品攤販附近徘徊，竊食牛肉、雞肉、豬肉及魚肉（圖2.6-15～16）等。有些種類的虎頭蜂也會咬食鳥類（如喜鵲）、嚙齒動物、哺乳類動物（如狐狸）屍體的肉塊，帶回巢中飼餵幼蟲。如果沒受到外界干擾，虎頭蜂還會把動物的屍體全部解體。

# 2.7 虎頭蜂的行為

　　虎頭蜂的行為，分為虎頭蜂的習性、工蜂的分工及虎頭蜂的防禦三個部分。虎頭蜂的習性中，有虎頭蜂每天的規律活動、定位飛行、視覺與飛行能力。工蜂的分工，有飼餵幼蟲及清潔巢室、調整蜂巢溫度、守衛家園及孤雌生殖。虎頭蜂的防禦，則從虎頭蜂的攻擊性分級表及其攻擊性指數來識別。

## 2.7.1 虎頭蜂的習性

### 1.每天的規律活動

　　通常虎頭蜂每天的活動比人們早，在8~9月份早上3：30~4：30開始活動，約有1~3個小時的活動高峰期。各種虎頭蜂的活動期，與日光、溫度及濕度有關。1992年盧思登等報告：臺灣的黃腰虎頭蜂早上5：00開始活動，到下午5：00逐漸回巢，通常10：30~12：30是每天活動的高峰期，以11：00左右活動最旺盛，13：00以後逐漸減少。接近黃昏前一兩小時，可見虎頭蜂大量回巢，約到18：00停止活動。不同種類的虎頭蜂，活動規律也略有不同。日光對於虎頭蜂的活動習性影響很大，各種虎頭蜂有不同的適應性。滿月的晚上，甚至有些種類的虎頭蜂還會流連忘返。

### 2.定位飛行

　　羽化後6~8天的工蜂，會有2~3次的定位飛行。第一次飛出巢外約25分鐘立即回巢，或在巢外繞一下後回巢。第一次外出後不久，就有距離較遠的第2次定位飛行，離開蜂巢15~20公尺。經過6~12次的定位飛行後，回巢就逐漸順利，外出後可直接飛進巢內。定位飛行及認識環境，是年輕工蜂飛出巢外工作的第一步。

　　有些種類的虎頭蜂，有找不到「家」的情形，降落在離開蜂巢1~2公尺之外。甚至停留在蜂巢20公尺之外。有些在土中生活的虎頭蜂，會先降落在巢的附近，再爬行回巢。

### 3.視覺與飛行能力

　　虎頭蜂對紫外線、藍色及綠色光線特別敏感，辨識的波長在330~600nm之間。相對的蜜蜂可辨識紫外線到橙色，辨識的波長在300~700nm之間。而人類眼睛可見之波長，在380~780nm範圍內。波長與顏色的關係是，紫色400~445nm、青色445~500nm、綠色500~575nm、黃色575~585nm、橙色585~620nm、紅色620~740nm。如果使用燈光誘集蜂類時，以紫外光的效果較好。

　　胡蜂的覓食距離與種類有關，90%覓食距離在50~400公尺之間。小型胡蜂覓食距離較近，不超過160公尺。虎頭蜂的覓食距離較遠，日本大虎頭蜂覓食距離1~2公里，但最遠有8公里的記錄。蜂類如果近距離能找到食物，就會捨遠求近。相較之下，蜜蜂的覓食距離更遠，最遠的可達13.7公里。

　　蜜蜂的平均飛行速度，每小時約24公里。熊蜂的平均飛行速度最快，每小時約30公里。各種虎頭蜂的飛行速度也不相同，黃腰虎頭蜂飛行速度，每秒約8公尺，高度1~15公尺。姬虎頭蜂的飛行速度，每秒約10公尺以內。黃腳虎頭蜂及黑腹虎頭蜂的飛行速度，每秒約5~25公尺。在以色列的東方虎頭蜂飛行速度，每小時在9~14公里之間。中華大虎頭蜂飛行速度，每小時約25公里。

## 2.7.2 工蜂的分工

　　正常的蜜蜂群中，工蜂按照日齡有不同的分工。年輕的工蜂擔任照顧幼蟲、清潔巢室及築造巢室等比較輕鬆的工作。日齡漸增的壯年工蜂，擔任守衛或採集食物的工作，採集蜂是日齡在20~45天，守衛蜂是日齡在15~25天。

　　胡蜂類也有類似的分工，大致分為巢內及巢外的工作。年輕的工蜂處理巢內的工作，年長的工蜂分擔巢外的任務。1964年N.B.Potter報告，黃胡蜂（*Vespula vulgaris*）的工蜂，通常由羽化後10日齡的年輕工蜂，負責飼餵幼蟲；8~19日齡採集紙漿；8~28日齡獵食肉類食物；8~34日齡採集液態食物；8~40日齡的工蜂參加防禦工作；29~40日齡則專責守衛。在分工上，有大致劃分的權責範圍，但仍有許多相互重疊部分。

虎頭蜂工蜂的工作性質和分配比率，也按照日齡區分。1969年M.Matsuura報告，一種虎頭蜂（*Vespa crabro flavofasciata*）內勤蜂佔70%，但是牠們通常有50%處於休閒狀態，包括2.0%在清潔身體、14.4%在巢脾上站著不動、33.7%在巢內走動。實際上內勤蜂只有20%在工作，包括8.2%負責築巢、11.7%照顧幼蟲。較老齡的外勤蜂佔30%，其中14.5%外出採集，15.5%在門口負責守衛。休息是為了走更長遠的路，讓體內累積能量，準備接辦下一個任務。蜜蜂的工蜂，也有類似休閒的狀況。

## 1.飼餵幼蟲及清潔巢室

年輕工蜂負責照顧幼蟲，不斷檢查巢室內幼蟲的健康狀態，並餵飼幼蟲食物。幼蟲不停的扭動，或用頭部的大顎敲擊巢室壁發出聲音，向育幼的工蜂索討食物。年輕工蜂也會用腹部敲擊巢室壁發出聲音，向幼蟲索取液狀的分泌物，尤其在大清早有這種行為。蜂蛹羽化後，巢室會留下不整齊的邊緣，擔任清潔巢室的工蜂，會移除羽化後留在巢室中的蛻皮，並整修損壞的巢室邊緣。

## 2.調整蜂巢溫度

一般胡蜂在氣溫12~13℃以上，就從越冬蟄伏處甦醒，開始活動。16~18℃開始築巢及繁殖，25℃是最適宜活動的溫度。氣溫降低到6~10℃，開始越冬。最適宜活動的濕度，是相對濕度50~75%。虎頭蜂對於溫度非常敏感，蜂王在16℃以下、工蜂在20℃以下、雄蜂在22℃以下就不活動。如果氣溫急速下降，虎頭蜂就容易死亡。所以蜂巢中溫度的過高或過低，工蜂都要設法調整。

各種蜂類的巢內溫度都不相同，虎頭蜂巢內溫度維持在28~32℃，蜜蜂的巢內溫度在34~35℃，熊蜂的巢內溫度約在32℃。蜂巢中溫度過低的時候，工蜂會聚集在幼蟲巢室上方，用雙翅肌肉的快速振動發出熱量。幼蟲在巢室中的扭動，也有提高溫度的效果。蜂巢中的溫度過高，超過35℃，工蜂會在門口搧風，排出高溫，或是採集水分以降低溫度。如果溫度持續很高，虎頭蜂會另外開一個出入口以利通風，或把蜂巢的出入口加大，或是把外巢增加厚度以便隔熱。

### 3.守衛家園

老工蜂擔任守衛工作，守衛蜂在蜂巢的出入口附近，用觸角檢查回巢的採集蜂。有些虎頭蜂類，晚上還會有守衛蜂巡邏。蜂巢派出守衛蜂的多少，與虎頭蜂的種類有關，也與時段相關。蜂巢受到騷擾振動或遇到緊急狀況時，6~8日齡的年輕工蜂，也會投入守衛及攻擊任務。臺灣的姬虎頭蜂似乎沒有守衛蜂，攻擊性最小。

### 4.孤雌生殖

蜂王意外死亡時，蜂群內未受精的工蜂會負起產卵工作，稱為孤雌生殖，這是蜂類一種特殊的生物學現象。因為蜂王及工蜂是由受精卵發育而成，體內有雙套染色體。雄蜂是未受精卵發育而成，只有單套染色體。蜂群內未受精的工蜂產卵，卵都是單套染色體，也稱無效卵，都發育成雄蜂。所以孤雌生殖的蜂群，無法繼續正常繁衍，很快就會解體。

## 2.7.3 虎頭蜂的防禦

通常在山野地區看到的虎頭蜂，大多是負責採集的工蜂。採集蜂的特色，就是在花叢中忙碌穿梭採集食物。守衛蜂通常只在蜂巢的附近活動，山野地區不容易看到。蜂巢受到騷擾，例如碰觸蜂巢、敲擊或戳動蜂巢，蜂群立即派出守衛蜂，在蜂巢附近巡視。一般蜜蜂的防禦性較小，只有敲擊蜂箱時才有防禦行為，只要人們不騷擾蜂群，即使從牠們的門口慢慢經過，都不會出來攻擊。

相對於蜜蜂，虎頭蜂的防禦範圍較大，攻擊性也較強。只要敲擊虎頭蜂巢懸掛的樹幹，都會立即出動攻擊。在山野地區，敲擊虎頭蜂巢懸掛樹幹的機會不大，但是仍然要小心，因為可能有其他因素會惹起虎頭蜂攻擊。不同種類的虎頭蜂，防禦範圍相差很大。1987年郭木傳及葉文和（圖2.7-1），把蜂類的攻擊性區分為五級，如表2.7-1。第一級是接近蜂巢5公尺，第二級是接近蜂巢2~5公尺，第三級是接近蜂巢0.3~2公尺，第四級是接近蜂巢0.3公尺以內，第五級是觸擊蜂巢。級數愈少，攻擊性愈強，普通蜜蜂的攻擊性屬於第五級。

2.7-1 郭木傳、葉文和及作者

表2.7-1虎頭蜂的攻擊性分級表（郭木傳及葉文和，1987）

| 虎頭蜂種類 | 攻擊性的分級 | 接近蜂巢（公尺） |
|---|---|---|
| 黑腹虎頭蜂 | 1 | 5 |
| 中華大虎頭蜂 | 2 | 2~5 |
| 黃腳虎頭蜂 | 2 | 2~5 |
| 黃腰虎頭蜂 | 3 | 0.3~2 |
| 擬大虎頭蜂 | 3 | 0.3~2 |
| 姬虎頭蜂 | 4 | 0.3公尺以內 |
| 威氏虎頭蜂 | ― | ― |

　　同一種虎頭蜂的攻擊性，因客觀環境不同，而有很大的變化。
以上的分級，只是基本的參考指標。虎頭蜂的防禦範圍，也因客觀環
境和季節不同，會有很大的變化。秋季繁殖期的蜂群大、蜂隻數目也
多，防禦範圍會隨之擴大。蜂巢崩解期，防禦範圍會縮小。

　　自然環境中有一些騷擾因素，會使虎頭蜂的防禦範圍擴大，攻擊
性增強，防禦時間延長。例如突然的強風吹襲、煙霧或異味刺激、小動
物爬過樹枝觸動蜂巢，或是蜂鷹襲擊蜂巢等。這種臨時性騷擾的狀況，
會刺激虎頭蜂的攻擊性增強及防禦時間延長。防禦時間也許只有數分
鐘、或持續數小時、甚至一整天，因蜂種不同而也有很大的差異。

中華大虎頭蜂攻擊性屬於第二級，接近2~5公尺才有攻擊行為。實際上，牠們大多築巢在荒僻山區的地下，平時很少有人會經過牠們的蜂巢附近，所以受到騷擾的機會很少。因此只要有人經過的腳步聲，就會騷擾牠們，假若人們還未察覺，牠們就會迅速的出動攻擊。蜂巢受到先前的騷擾或刺激之後，會增加防禦強度。因此單以攻擊性一項指數，作為虎頭蜂防禦範圍的詮釋，仍嫌不足。

1977年山根爽一，以防禦強度、輕微刺激的反應、追擊指數及刺激後防禦性增加，四項指數，標示虎頭蜂的攻擊性指數，如表2.7-2。對於虎頭蜂的攻擊性，詮釋得更為清楚。追擊距離的指數，即代表追擊距離的遠近。例如黑腹虎頭蜂的追擊指數是3，表示追擊距離有100公尺。中華大虎頭蜂及黃腳虎頭蜂的追擊指數是2，追擊的距離約有50公尺。黃腰虎頭蜂及擬大虎頭蜂的指數是1，追擊距離約有20~30公尺。

表2.7-2虎頭蜂的攻擊性指數（山根爽一，1977）

| 虎頭蜂種類 | 防禦強度 | 輕微刺激的反應 | 追擊指數 | 刺激後防禦性增加 | 攻擊性總指數 |
|---|---|---|---|---|---|
| 黑腹虎頭蜂 | 3 | 3 | 3 | 3 | 12 |
| 中華大虎頭蜂 | 2 | 3 | 2 | 2 | 9 |
| 黃腳虎頭蜂 | 2 | 3 | 2 | 2 | 9 |
| 黃腰虎頭蜂 | 1 | 1 | 1 | 1 | 4 |
| 擬大虎頭蜂 | 1 | 1 | 1 | 1 | 4 |
| 姬虎頭蜂 | 0 | 0 | 0 | 0 | 0 |
| 威氏虎頭蜂 | — | — | — | — | — |

虎頭蜂巢被騷擾振動後，虎頭蜂的防禦行為與顏色及距離有甚麼關係？2004年姜義晏等人，利用飼養的黃腰虎頭蜂為對象，做系列性試驗。初步發現，黃腰虎頭蜂對不同顏色的防禦行為及距離結果，如圖2.7-2。按不同顏色，防禦行為的指數不同，強弱順序分別為黑色、紫色、紅色、綠色、黃色、白色。在0.5公尺距離的反應指數，分別為25.00、10.90、9.10、4.50、1.20、1.50。在1.5公尺距離的反應指數，分別為5.50、1.30、1.20、0.10、0.10、0。指數愈大，防禦行為愈強烈。顏色最深的黑色，防禦行為的指數最大，在0.5公尺時指數是25.00。防禦距離達2.5公尺時，指數還有0.10。

| 距離m＼顏色 | 黑 | 紫 | 紅 | 綠 | 黃 | 白 |
|---|---|---|---|---|---|---|
| 0.5 | 25.00 | 10.90 | 9.10 | 4.50 | 1.20 | 1.50 |
| 1.0 | 15.20 | 6.10 | 3.15 | 1.90 | 0.10 | 0.10 |
| 1.5 | 5.50 | 1.30 | 1.20 | 0.10 | 0.10 | 0 |
| 2.0 | 1.60 | 0.10 | 0.50 | 0 | 0 | 0 |
| 2.5 | 0.10 | 0 | 0 | 0 | 0 | 0 |
| 註1 | 六種顏色中任取三種排列組合，共20種震動騷擾，每次三分鐘。得出的指數是，不同排列位置騷擾次數的平均值。 | | | | | |
| 註2 | 經常性騷擾，蜂群防禦行為大增（每30秒一次＞每60秒一次）。但是如果持續而穩定的震動騷擾十分鐘，則蜂群不予理會。除非有更大的震動騷擾出現，才會再有防禦行為出現。 | | | | | |

▌2.7-2 黃腰虎頭蜂被騷擾後，產生防禦行為與顏色的關係（姜義晏等，2004）

　　如果持續而穩定的騷擾振動黃腰虎頭蜂巢10分鐘，牠們就習以為常，蜂群就不再理會及反應。除非有更大的振動騷擾，才會再有防禦的行為出現。各種虎頭蜂的防禦行為，不盡完全相同。但是虎頭蜂對顏色產生防禦行為的強弱，都有共通性。所以建議登山旅遊時，最好穿淺色衣服、戴淺色帽子，可以減少被虎頭蜂螫傷的機會。

# 2.8 虎頭蜂獵捕蜜蜂

中華大虎頭蜂獵捕蜜蜂 　黃腰虎頭蜂攻擊蜜蜂

　　虎頭蜂是蜜蜂的天敵，捕食獵物的方法比較特別，多不用螫針，僅用足抓住昆蟲後用大顎咬傷或咬死，是一種獵捕行為。臺灣的七種虎頭蜂，其中六種會獵捕蜜蜂。2002年趙榮台等研究，臺灣虎頭蜂在養蜂場中，出現機率最大的是黃腰虎頭蜂，依次是姬虎頭蜂、中華大虎頭蜂、黑腹虎頭蜂、黃腳虎頭蜂及擬大虎頭蜂，威氏虎頭蜂沒有獵捕蜜蜂的紀錄。黃腰虎頭蜂、姬虎頭蜂常出現在一般的養蜂場，中華大虎頭蜂則多見於山野地區的養蜂場。

　　1988年郭木傳及葉文和研究，虎頭蜂每年獵捕大量的蜜蜂，依據獵捕蜜蜂佔捕捉農林害蟲總數的6%來估算。虎頭蜂每年獵捕蜜蜂的數目，分別是黑腹虎頭蜂獵捕484,380隻、黃腳虎頭蜂獵捕272,589隻、中華大虎頭蜂獵捕72,018隻、黃腰虎頭蜂獵捕65,007隻、擬大虎頭蜂獵捕32,823隻、姬虎頭蜂獵捕11,102隻。總計各種虎頭蜂一年獵捕蜜蜂的數量為937,919隻，以每群蜜蜂的外勤蜂10,000隻計算，約相當於94箱蜜蜂。這種工蜂數量的損失，是臺灣蜂農的直接經濟損失。因此必須首先瞭解虎頭蜂獵捕蜜蜂的行為模式，再提出防禦對策，才可能減少蜂農的經濟損失。

　　不同種類的虎頭蜂，其獵捕蜜蜂的行為都不盡相同。彙整1992年盧思登報告，平時紀錄虎頭蜂獵捕蜜蜂的行為模式，及與養蜂達人等交流的經驗。本節記述，以國立臺灣大學昆蟲系飼養的西方蜜蜂（*Apis mellifera*）為主。

## 2.8.1 虎頭蜂獵捕蜜蜂

### 1.黃腰虎頭蜂

　　黃腰虎頭蜂進入養蜂場中，多半是一隻獨行，獵捕蜜蜂時採用迂迴戰術。進入養蜂場中，通常先在空中盤旋一陣子，再採用低飛的姿態，在蜂箱或更低的高度巡行。有時候會在蜂箱之間，緩慢地前後左右低飛繞行，盡量不驚動蜜蜂的正常活動，再偶而轉到蜂箱出入口前方多繞幾圈，伺機尋找落單的蜜蜂下手。

黃腰虎頭蜂一旦捕捉到蜜蜂後，立即直線飛離現場，先停到附近約2~3公尺高的樹枝上。把蜜蜂的頭部、雙翅、腹部及足肢咬斷丟棄，最後只攜帶胸部直接往蜂巢方向飛回。從獵捕後停在樹枝上，不到兩分鐘的時間，就把一隻蜜蜂處理完畢。當虎頭蜂飛離現場，是要避開蜜蜂的反擊。因為虎頭蜂獵捕蜜蜂時，蜜蜂會聚集在蜂箱的起降板上抵禦，不但毫不退縮，還會伺機圍攻。

　　如果有兩隻以上黃腰虎頭蜂在同一養蜂場中出現，牠們會各自迴避。但是偶而雙方在同一蜂箱前相遇時，為了自身利益也會相互攻擊，驅趕對方。但通常是一接觸就立即分開，點到為止，兄弟覓食各自努力，不需兵戎相見。在8、9月份，情況更複雜，可能有三、五隻以上的黃腰虎頭蜂，同時出現在一個養蜂場，就難免互相攻擊驅離。黃腰虎頭蜂在養蜂場中覓食，好像還有午休時間，因為上午及下午時段出現較多。黃腰虎頭蜂雖然比大型虎頭蜂體型略小，但是比飼養的西方蜜蜂還是大很多。蜜蜂雖然在體型上居劣勢，但不影響蜜蜂的犧牲奮鬥精神，為了捍衛家園攻擊敵害，必然前仆後繼死而後已。黃腰虎頭蜂偶而不慎被蜜蜂捉住肢體後，蜜蜂會群起而上，將虎頭蜂團團圍住。這種狀況通常會出現在蜂箱出入口的起降板上，或在蜂箱前的地上（圖2.8-1~2）。有時候，蜜蜂也會用螫針，螫刺虎頭蜂。

　　黃腰虎頭蜂不是好獵手，攻擊技術差，動作也不靈敏。攻擊過程中，經常被蜜蜂逃逸，通常要多次攻擊，才能獵到蜜蜂。因此，牠們有撿拾蜜蜂屍體或老弱病蜂的行為，甚至放下身段在養蜂場中的地面爬行，尋找目標。黃腰虎頭蜂在蜂箱前的活動範圍，平均離蜂箱約20公分。

■2.8-1 西方蜜蜂包圍黃腰虎頭蜂

■2.8-2 兩隻蜜蜂懸吊在蜂箱起降板上支撐十餘隻蜜蜂

## 2.姬虎頭蜂

姬虎頭蜂體型較大，在養蜂場中巡行時動作緩慢，看似遲鈍又不積極。通常以接近地面的高度飛行，採取低姿態進入養蜂場。進入養蜂場繞行後，會停在附近樹枝上休息。獵捕時，停在蜂箱出入口的起降板上，伺機捕捉飛出飛入的蜜蜂。當捕捉到蜜蜂後，會咬斷肢體丟棄於地，非常殘忍。姬虎頭蜂單隻在蜂箱前獵捕時，會把同種或不同種的虎頭蜂趕走。姬虎頭蜂在山野地區養蜂場出現的次數，僅次於黃腰虎頭蜂，是蜜蜂的第二大敵害。

## 3.中華大虎頭蜂

2003年9月中華大虎頭蜂首次在臺大昆蟲系實驗養蜂場出現，後來在臺大校園中找到牠們的蜂巢。可能因氣候變遷，原棲息在森林地區的中華大虎頭蜂，逐漸向都市遷移，日本也發生類似情況。

山根爽一博士提供日本厚生勞働省資料，1983~2013年虎頭蜂（*Vespa* spp.）螫人死亡數，年平均30人。最多的3年，是1984年73人、1983年47人及1986年46人。最近3年的紀錄，是2011年16人、2012年22人及2013年24人。日本大虎頭蜂多分布在山野地區，隨著森林棲地被砍伐破壞，逐漸轉往都會地區棲息。東京玉川大學小野正人博士表示，在玉川大學校園每年發現4~5個日本大虎頭蜂蜂巢，近年來有增加的趨勢。

中華大虎頭蜂進入養蜂場，直接飛近蜂箱，頭對著蜜蜂向左向右移動。蜜蜂發覺後，會大量集結在蜂箱出入口的起降板上，形成對峙狀態。從圖片中可以見到中華大虎頭蜂和一般蜜蜂體形的大小差異。中華大虎頭蜂會選擇從蜂箱側面攻擊（圖2.8-3），蜜蜂的防禦面會較小，容易得手。有時候停在出入口的起降板上，與蜜蜂大眼對小眼，並伺機下口（圖2.8-4）。中華大虎頭蜂攻擊的最大特點，是同心協力、聯合攻防，彼此之間不會相互攻擊。牠們有時候會停在蜂箱前的起降板上，以口對口、觸角對觸角方式交換心得（圖2.8-5），或多隻開會研討攻擊策略（圖2.8-6）。有時會在蜂箱的其他部位停下來，狀似悠閒得梳理肢體及休息，恢復體力後再行進攻。

▌2.8-3 中華大虎頭蜂側襲蜜蜂

▌2.8-4 中華大虎頭蜂在起降板上攻擊

▌2.8-5 中華大虎頭交換心得

▌2.8-6 中華大虎頭蜂研商攻擊策略

　　起初，牠們獵捕一隻蜜蜂（圖2.8-7），立即帶回巢餵食幼蟲。當熟悉環境後。牠們會停留在蜂箱起降板上，捉住蜜蜂用大顎剪傷，即丟棄在地上，持續不斷的剪傷丟棄，只消幾分鐘，就有數十隻蜜蜂被丟棄在蜂箱前（圖2.8-8）。當中華大虎頭蜂選定一箱蜜蜂獵捕時，會用費洛蒙標示，指示後續的虎頭蜂直接加入攻擊，有時會有10~30隻以上的虎頭蜂，聯合攻擊一箱蜜蜂（圖2.8-9）。

　　中華大虎頭蜂不停的攻擊，直到全群蜜蜂都被剪傷後，丟在蜂箱門口堆成一個小山，才進入蜂箱內佔據蜂箱取食蜂蜜，並把幼蟲及蛹攜帶回巢。牠們獵捕蜜蜂的行為，分為獵食、屠殺及佔領三個階段。1973年Matsuura & Sakagami報導，大約4小時32隻虎頭蜂，可毀滅一箱

35,000隻蜜蜂。看到大虎頭蜂獵捕蜜蜂的景象，打心底裡對小小的蜜蜂更加敬佩。蜜蜂明知必死無疑，但仍然奮勇激戰保衛家園，直到整群壯烈捐軀。

中華大虎頭蜂攻擊一箱蜜蜂時，並不現身在養蜂場的其他蜂群。牠們的獵捕行為，有整體的戰略及戰術考量。一箱蜜蜂完全殲滅後，再選取下一個攻擊目標。對於養蜂場來說，中華大虎頭蜂是最嚴重的敵害。所幸牠們多分布在海拔較高的山野地區，平地較少。另一項奇怪的行為是中華大虎頭蜂在攻擊人們時，會發出嗡嗡嗡像轟炸機的聲音。但是進入養蜂場攻擊蜜蜂時，卻是靜悄悄的偷襲，為何如此？有待探討。

一個養蜂場中有幾十箱蜂群，按地形排列在樹蔭下。為甚麼虎頭蜂只選定其中一箱蜜蜂攻擊？殲滅一箱蜜蜂後，再選擇下一個目標。這種選擇是根據什麼條件？或甚麼理由？還有，為什麼大夥會一致攻擊下一個目標？中華大虎頭蜂是很特別的群體，日本學者對中華大虎頭蜂有較多的研究。中華大虎頭蜂在臺灣的行為模式，值得探討。

## 4.黑腹虎頭蜂

黑腹虎頭蜂在臺北地區很少見，記憶中見過一、兩次，而且只有少數幾隻。黑腹虎頭蜂不在蜂箱前獵捕蜜蜂，只是巡行在箱前或在地上撿拾受傷或半死的蜜蜂（圖2.8-10），這也是一種很特別的行為。

▌2.8-7 中華大虎頭蜂剛獵捕到蜜蜂

▌2.8-8 中華大虎頭蜂剪傷的蜜蜂丟在蜂箱前（李麗玉攝）

▌2.8-9 中華大虎頭蜂聯合攻擊蜜蜂（李麗玉攝）

## 5.黃腳虎頭蜂

　　黃腳虎頭蜂在養蜂場中出現的機率不小，獵捕蜜蜂的行為很特別。牠們進入養蜂場中，是高姿態的，飛行速度比黃腰虎頭蜂快。牠們會選擇蜜蜂出入較多的蜂箱，在蜂箱出入口前方約一、兩尺的距離，比蜂箱起降板略高一尺的高度。像直升機一樣，振翅停留在空中保持定點不動，等待採集蜂回巢（圖2.8-11）。停在空中的姿態是腹部朝向蜂箱，頭部朝向外方。這是一種很特別的行為，也只有黃腳虎頭蜂採用這種獵捕姿態。

　　當採集蜂回巢近身時，牠立即轉身，急速從後方獵捕蜜蜂，動作非常敏捷（圖2.8-12）。如果一擊未成，會繼續在空中定點等候，直至獵捕到蜜蜂才會離去。牠獵捕到蜜蜂後的處理方式，與黃腰虎頭蜂相似。但動作更靈敏，不到一分鐘就處置妥當。當數隻黃腳虎頭蜂在同一養蜂場中出現時，牠們會互相迴避，有時也可看到兩隻或三隻在同一蜂箱前，同時攻擊蜜蜂。但是通常保有自己的領域，彼此保持一定的距離。如果跨越此距離，會相互攻擊驅趕對方，也是一觸即分，點到為止，不做殊死格鬥。通常8至9月份，比較容易看到多隻黃腳虎頭蜂攻擊一箱蜜蜂的現象。

▍2.8-12 黃腳虎頭蜂空中獵捕蜜蜂

　　黃腳虎頭蜂在蜂箱前的活動範圍，平均約距離蜂箱30公分，比黃腰虎頭蜂的活動範圍較大，而且動作也較敏捷，從進入養蜂場至獵捕到蜜蜂，平均只花20秒鐘，一般停留在空中轉身2.5次，就能獵捕到蜜蜂。牠們不撿食地上的蜜蜂，但會停留在起降板上，伺機進入蜂箱中，攻擊性較強。據山根博士告知，黃腳虎頭蜂從韓國侵入日本並且已經定居，給日本的養蜂業帶來很嚴重的損失。

## 6.擬大虎頭蜂

　　在國立臺灣大學昆蟲系實驗養蜂場，沒有見過擬大虎頭蜂。作者曾經在高速公路休息站的垃圾桶上，捕捉過牠們的身影。

## 2.8.2 蜜蜂反擊虎頭蜂

　　1987年小野正人等報告，東方蜜蜂（*Apis cerana*）亞種的日本蜜蜂（*Apis cerana japonica*）遭日本大虎頭蜂攻擊時，會包圍入侵者結成球狀，蜂球內部會產生43℃高溫約20分鐘，日本大虎頭蜂被熱死，但日本蜂卻能夠忍受這麼高的溫度。

2005年T. Ken等，研究中國雲南的東方蜜蜂及西方蜜蜂遭到黃腳虎頭蜂（*Vespa velutina*）攻擊時，有許多不同的反擊行為。單以包圍黃腳虎頭蜂結球行為而言，東方蜜蜂結球時，集結速度較快，結球蜜蜂數目較多，而且結球核心溫度也較高。黃腳虎頭蜂的致死溫度是45.7±0.48℃，東方蜜蜂與西方蜜蜂的致死溫度分別是50.7±0.48℃及51.8±0.42℃，兩種蜜蜂都比黃腳虎頭蜂能夠忍耐較高的溫度。

　　2009年7月英國BBC報導，日本京都學園的阪本（F. Sakamoto）認為日本大虎頭蜂（*Vespa mandarinia japonica*）能夠在47℃的溫度存活10分鐘，但是日本蜜蜂結成蜂球後的溫度無法超過46℃。所以蜂球中的二氧化碳增加及含氧量減少，是大虎頭蜂致死的重要原因，大約5分鐘內就會被殺死。

　　2014年M. Arca等研究，黃腳虎頭蜂原始棲息地在印度及中國北方，是當地東方蜜蜂的重要天敵。當西方蜜蜂引進這些地區後，黃腳虎頭蜂也成為西方蜜蜂的天敵。到2004年法國首先發現黃腳虎頭蜂，成為養蜂場的嚴重問題，很快的擴散到鄰近的西班牙、葡萄牙及義大利。2012年在歐洲地區，已經擴散了360,000平方公里。黃腳虎頭蜂群比較當地虎頭蜂*Vespa crabro*的蜂群大三倍，對蜜蜂及當地其他虎頭蜂都造成嚴重威脅。因此，歐洲學者們相繼研究蜜蜂反擊虎頭蜂的行為。西方蜜蜂的賽普勒斯蜂（*Apis mellifera cypria*）受東方虎頭蜂（*Vespa orientalis*）攻擊時，也有集結成球的行為。賽普勒斯蜂結球內的平均溫度在43.9℃，所產生的二氧化碳、或是被蜜蜂螫傷後的毒液發生作用，都是虎頭蜂致死原因。

## 2.8.3 結語

　　虎頭蜂在養蜂場中獵捕蜜蜂，雖各有不同的行為表現，但卻有個共通點，就是當牠們溜進養蜂場專心偷獵蜜蜂時，不但不攻擊蜜蜂主人，反而刻意迴避。即使養蜂人使用竹枝攻擊驅趕或用捕蟲網捕捉，虎頭蜂卻仍然只閃躲不反擊。牠們似乎自知偷獵蜜蜂，理虧心虛，但是為了覓食，不得不低調識相。走筆至此，不禁讚嘆上天造物真是太神妙，連虎頭蜂這些小小生物，都懂得「識時務」的生活智慧。

當一、兩隻中華大虎頭蜂在蜂箱前獵捕蜜蜂時，與其他虎頭蜂一樣，會閃躲養蜂人。但是被養蜂人攻擊驅離後，牠們會記仇，暫時飛離現場，伺機再回來偷襲養蜂人，常有養蜂人因此頭部被螫。可是當三、五隻成群同時攻擊一箱蜜蜂時，則蜂多勢眾很兇猛，會主動反擊養蜂人。虎頭蜂類中，唯有中華大虎頭蜂是最有智慧且又兇狠，牠們的行為值得進一步研究。

# 2.9 臺灣的七種虎頭蜂

## 2.9.1 臺灣虎頭蜂研究概況

　　清朝時期，1920年陳文達等合編《臺灣縣志》，關於昆蟲的記錄達17種，記載的蜂類有長腰蜂（長腳蜂或細長腳蜂）、虎頭蜂（雞屎蜂）及蜜蜂。日治時期，1927年楚南仁博發表「臺灣產蜂類數種的學名及觀察」，1930年發表「澎湖島的蜂類」。楚南仁博對於臺灣產蜂類之分類、分布、習性等方面也多有涉獵，包括可利用於防治的胡蜂類與姬蜂類，發表臺灣蜂類相關報告50餘篇。1972年日本山根爽一（S.Yamane）來臺灣研究胡蜂及虎頭蜂，有系列報告。1978年美國石達愷（C.K.Starr）來臺短期研究，對臺灣七種虎頭蜂的分布及分類有比較詳盡的記述。1992年馬丁（S.J.Martin）對日本及臺灣的虎頭蜂及胡蜂類，有多篇研究。1996年山根正氣（S.Yamame）對胡蜂科及蜾蠃科（Eumenidae）有深入記述。

　　1983年行政院農業委員會林業試驗所趙榮台博士及陸聲山博士等，陸續發表胡蜂類的系列研究。1984年國立嘉義大學郭木傳教授，發表黃腰虎頭蜂報告後，1985年與葉文和共同發表多篇虎頭蜂報告，對於黃腳虎頭蜂、黑腹虎頭蜂、威氏虎頭蜂；胡蜂亞科（Vespinae）的虎頭蜂屬（Vespa）、原胡蜂屬（Provespa）；馬蜂亞科（Polistinae）的鈴腹胡蜂屬（Roplaidia）、及側異腹胡蜂屬（Parapolybia）均有研究。

　　國立臺灣大學昆蟲學系何鎧光教授主持的蜜蜂研究室，1990年加入虎頭蜂的研究行列。曾經設計多種虎頭蜂誘集器，比較誘集效果，改良誘集器及誘餌，期望以簡便的方法及設備，誘殺虎頭蜂，降低虎頭蜂對蜜蜂的危害。研究報告有，1992年安奎及何鎧光，「墾丁國家公園胡蜂季節性分布研究」。墾丁國家公園對遊客造成威脅的胡蜂有三種，分別是棕馬蜂、姬虎頭蜂、黃腰虎頭蜂，所佔比率分別為50.6%、27.8%及21.6%。1992年盧思登等，「胡蜂習性與蜜蜂之研究」。2000年安奎等，「臺北市主要胡蜂類的越冬族群研究」。2002年安奎等，「虎頭蜂的危害及防除策略」。2004年姜義晏等，「臺灣北

部地區虎頭蜂族群季節消長與引誘防治應用之研究」。有關蜂毒及蜂螫醫療的研究報告等，記述於本書各章節中。

## 2.9.2 臺灣的七種虎頭蜂

　　中國稱虎頭蜂屬（Vespa）為胡蜂屬，臺灣慣用名稱與中國用的名稱略有差異，參見表2.9-1。1985年李鐵生記載，中國胡蜂屬有16種，不含臺灣特有種的威氏虎頭蜂。虎頭蜂的垂直分布，現有資料中各學者的紀錄略有差異。另郭木傳教授告知，其中垂直分布約在700公尺以上的姬虎頭蜂，及分布約在1500公尺以上的黃腳虎頭蜂，比在低海拔採集的標本，體型略為短小10~20%。

表2.9-1中國與臺灣虎頭蜂屬（Vespa）的名稱對照表（參照李鐵生，1985）

| | 中國 | 臺灣 |
|---|---|---|
| 虎頭蜂屬 Vespa | — | 威氏虎頭蜂（Vespa wilemani） |
| | 褐胡蜂（V. binghami） | — |
| | 基胡蜂（V. basalis） | 黑腹虎頭蜂（Vespa basalis） |
| | 黑盾胡蜂（V. bicolor bicolor） | — |
| | 三齒胡蜂（V. analis parallela） | — |
| | 大胡蜂（V. magnifica） | — |
| | 擬大胡蜂（V. analis nigrans） | 擬大虎頭蜂（Vespa analis） |
| | 大金箍胡蜂（V. tropica leefmansi） | — |
| | 黃腰胡蜂（V. affinis） | 黃腰虎頭蜂（Vespa affinis affinis） |
| | 小金箍胡蜂（V. tropica haematodes） | |
| | 墨胸胡蜂（V. velutina nigrithorax） | — |
| | 東方胡蜂（V. orientalis） | — |
| | 壽胡蜂（V. vivax） | — |
| | 黑尾胡蜂（V. tropica ducalis） | 姬虎頭蜂（Vespa ducalis pseudosoror） |
| | 凹紋胡蜂（V. velutina auraria） | 黃腳虎頭蜂（Vespa velutina flavitarsus） |
| | 變胡蜂（V. variabilis） | — |
| | 金環胡蜂（V. mandarinia mandarinia） | 中華大虎頭蜂（Vespa mandarinia nobilis） |

▌2.9-1威氏虎頭蜂（趙榮台攝）

▌2.9-2威氏虎頭蜂樹枝上的蜂巢（趙榮台攝）

## 1.威氏虎頭蜂*Vespa wilemani* Meade-Waldo

　　又稱壽胡蜂。工蜂2.0公分，雄蜂2.1~2.2公分（圖2.9-1）。頭胸部為暗紅褐色；腹部以黑色為主，腹部第四節背板呈金黃色帶，是重要特徵，腹部腹面第二、三、四節，有黃色斑紋。

　　臺灣分布於海拔1,500~2,500公尺。1989年趙榮台曾在中橫沿線胡蜂分布研究指出，在海拔1,000公尺以下，捕獲0隻；海拔1,000~2,000公尺，捕獲43隻；海拔2,000公尺以上，捕獲555隻；海拔愈高捕獲的數目愈多，8月份是活動高峰期。1992年趙榮台認為，威氏虎頭蜂是臺灣特有種。1992年馬丁在阿里山海拔2,300~2,100公尺發現的威氏虎頭蜂巢，是虎頭蜂類分布最高的紀錄。2012年趙榮台在太魯閣國家公園，捕獲威氏虎頭蜂409隻，但對遊客安全造成的威脅不大。因為威氏虎頭蜂是海拔2,000公尺以上的物種，在海拔1,500~2,000公尺地區較少。

　　4~5月間開始築造蜂巢，蜂巢多築於3~4公尺高的樹上，喜好築在接近溪谷的闊葉樹枝幹。蜂巢與黃腰虎頭蜂相似，成橢圓形（圖2.9-2）。蜂巢的顏色呈深褐色與土黃色相間，虎頭蜂的蜂巢顏色與採集築巢材料有關。不同地區的樹種不同，造成蜂巢顏色差異。

## 2.姬虎頭蜂 *Vespa ducalis pseudosoror* Veclit

2.9-3姬虎頭蜂的三型（郭、葉攝）

又稱雙金環虎頭蜂、黑尾胡蜂、臺灣姬胡蜂或黑尾虎頭蜂等。雌蜂（蜂王）3.6~3.8公分、工蜂3.2~3.8公分、雄蜂2.6~3.2公分（圖2.9-3）。體表絨毛少；胸部背板黑色，後胸背板紅褐色；腹部第一、二腹節為暗黃色，有一黑色環帶。第二腹節隻環帶分成三段，第三腹節以後為黑色（圖2.9-4），因此也稱黑尾虎頭蜂；足的跗節帶褐色。是體型第二大的虎頭蜂，僅次於中華大虎頭蜂。

2.9-4 姬虎頭蜂

分布於中國的中部及東南部，及日本、韓國、西伯利亞。臺灣分布於海拔100~1,500公尺，海拔200~800公尺最多。多在山野地區活動，高海拔地區也有零星分布。在太魯閣國家公園，過去的分布海拔0~1,000公尺為主，最高到2,500公尺。2012年趙榮台研究，分布以0~500公尺為主；海拔500~1,500公尺捕獲較少；1,500公尺以上沒有捕獲。另有其他亞種，分布於中國的中部及東南部，日本、韓國及西伯利亞。

2.9-5 姬虎頭蜂從土洞外出（李國明攝）

蜂巢多築於土洞（圖2.9-5~6）、石洞或樹洞中，蜂巢不遷移，外表呈淺灰色，巢脾數目2~3個。蜂巢的位置隱密，比較不容易被找到。到了末期，蜂巢的巢脾數目3~4片，巢室數目300~600個，蜂隻數目在100~200隻。11~12月蜂群解體。1984年S.F.Sakagami研究日本的姬虎頭蜂，巢脾數目2~4片，巢室數目200~300個。而在蜂隻數目上，與臺灣的姬虎頭蜂略有差異。

2.9-6 姬虎頭蜂在土洞中的蜂巢（李國明攝）

### 3.擬大虎頭蜂*Vespa analis* Fabricius

又稱為擬大胡蜂、小型虎頭蜂或正虎頭蜂（台語）等。擬大虎頭蜂的雌蜂2.6~3.2公分、工蜂2.2~2.7公分、雄蜂2.3~2.6公分（圖2.9-7）。外形酷似中華大虎頭蜂，但是體型較小。頭部呈深棕色；前胸背板呈三角形、紅褐色，小盾片及後小盾片也呈紅褐色（圖2.9-8）。這是與中華大虎頭蜂最大差異，也是鑑別兩種虎頭蜂的重要依據。腹部呈暗黑褐色，末端節呈金黃色，與中華大虎頭蜂相似。

分布於印度北方，喜馬拉雅山到中國大陸的東部，北到日本、韓國、西伯利亞，南到蘇門達臘及爪哇。臺灣分布於海拔1,000~2,000公尺，高低海拔都有分布。在太魯閣國家公園，過去的分布海拔1,000~1,500公尺為主；2012年在500公尺以下，也有零星捕獲。

蜂巢多築於地面上、草叢中（圖2.9-9）、樹枝上（圖2.9-10）、少數在屋簷下或電線桿中，築巢的位置、過程、形狀與黃腰虎頭蜂相似，也呈小葫蘆狀有長管狀突出。但是有兩點差異，一是擬大虎頭蜂巢外殼，虎斑的斑紋特別明顯；二是擬大虎頭蜂築造在草叢中的巢，顏色常呈黑褐色。巢脾數目4~6片，巢室數目700~1,500個。1984年S.F.Sakagami研究日本的擬大虎頭蜂，巢脾數目2~4片，巢室數目150~450個。也有較大的蜂巢，巢室數目300~800個。

### 4.黃腰虎頭蜂*Vespa affinis affinis*（Linnaeus）

又稱黃腰胡蜂、黑尾虎頭蜂、臺灣虎頭蜂、黑尾胡蜂、黃尾虎頭蜂、黑尾仔（台語）、黃腰仔（台語）或三節仔（台語）等。雌蜂2.9公分、雄蜂2.1公分、工蜂2.2公分（圖2.9-11）。前胸黃褐色；腹部第一、二節呈金黃色，後半部其餘各節呈黑色（圖2.9-12），極易辨認。

分布於印度到中國的東南部、臺灣、琉球等。臺灣分布於平地、丘陵地，海拔1,000公尺以下地區，是都會區、市郊及養蜂場最常見的種類，澎湖、蘭嶼也曾發現。另有其他亞種，分布於印尼到蘇門達臘，婆羅洲到巴拉望及新幾內亞。

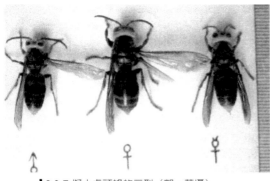

▌2.9-7 擬大虎頭蜂的三型（郭、葉攝）

▌2.9-8 擬大虎頭蜂

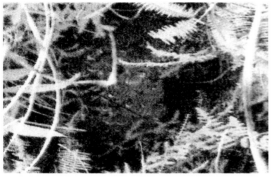

▌2.9-9 擬大虎頭蜂草叢中的蜂巢（郭、葉攝）

▌2.9-10 擬大虎頭蜂樹枝上的蜂巢（郭、葉攝）

▌2.9-11 黃腰虎頭蜂的三型（郭、葉攝）

▌2.9-12 黃腰虎頭蜂

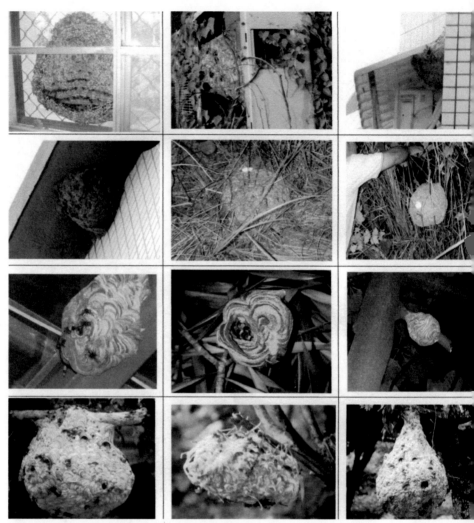

　　蜂巢多築於樹枝上、屋簷下、窗臺外、玻璃窗外及冷氣機下，巢的形狀隨地形地物改變（圖2.9-13）。蜂巢與人們的活動範圍，保持一段適當的距離，不很遠、但也不很近。喜好在食物豐富的地區築巢，蜜蜂的養蜂場附近，是很好的築巢地區。蜂巢的出入口成圓形，在巢的下方側面。少數蜂巢在較高的樹上或低矮的樹叢中，蜂巢略成水滴狀、橢圓形、籃球形等。蜂巢直徑22~36公分，高度26~40公分。9月初巢牌數目6~8片，蜂隻數目在600~1,000之間。蜂群解體較早，在10~11月。

## 5.黃腳虎頭蜂 *Vespa velutina flavitarsus* Sonan

又稱黃跗虎頭蜂、凹紋胡蜂、赤尾虎頭蜂、黃腳胡蜂、蠟腳虎頭蜂、黃腳絨毛胡蜂（日文）、黃腳仔（台語）、花腳仔（台語）或白腳蹄仔等。黃腳虎頭蜂足的跗節，呈淺黃色。因為黃跗虎頭蜂，台語不易發音，所以作者使用黃腳虎頭蜂。雌蜂2.9~3.1公分、雄蜂2.1~2.3公分、工蜂2.0~2.2公分（圖2.9-14）。體表密生絨毛；胸部背板呈紅褐色；腹部每一腹節基部呈黑褐色、後部逐漸呈棕紅色、腹部末端呈棕紅色（圖2.9-15）。

▌2.9-14 黃腳虎頭蜂的三型（郭、葉攝）

▌2.9-15 剛羽化的黃腳虎頭蜂

▌2.9-16 黃腳虎頭蜂土穴中的初期蜂巢
　　　（郭、葉攝）

▌2.9-17 黃腳虎頭蜂在樹上的蜂巢

▌2.9-18 黃腳虎頭蜂巢豬嘴巴形狀的出入口

　　臺灣分布於海拔1,000~2,000公尺，高低海拔都普遍分布，最高可達海拔2,500公尺，多在山野地區活動。2012年在太魯閣國家公園，捕獲黃腳虎頭蜂1,541隻。威脅遊客安全，排名第一。另有其他亞種，分布於巴基斯坦東北部到中國的中南部，南方到大小蘇丹島、印尼的西里伯斯島等。

　　蜂巢初期築於土穴中，撥開土面可見到巢（圖2.9-16）。少數會築造在低矮的灌木、草叢上或屋簷下。初期的蜂巢，直徑只有5~6公分。在5~6月間，第一代工蜂羽化後，當蜂巢直徑達到10~12公分時，會遷移到距地面10公尺以上的樹枝上或山溝兩側的樹上，蜂巢前方要有開闊的視野。新蜂巢直徑12~14公分，外表呈灰色或暗紅灰色。蜂巢的形狀，初期成橢圓形，後期變化很大，呈不規則形。蜂巢的出入口只有一個，先呈圓形，隨蜂巢增大，口徑加大，周圍逐漸突出並隆起。蜂群再增大後，巢的出入口會向外方突出（圖2.9-17），形成豬的嘴巴形狀（圖2.9-18），是黃腳虎頭蜂巢最明顯的特徵。到12月份，蜂巢最大。直徑可達30~50公分，高度70~100公分。巢脾數目8~12片，巢脾最多可達16片。巢室數目10,000~20,000個。次年1~2月份，蜂群解體。

█ 2.9-20 中華大虎頭蜂　　█ 2.9-21 台大校園中的中　█ 2.9-22 中華大虎頭蜂不規則的巢脾─
　　　　　　　　　　　　　　　華大虎頭蜂，有兩個出　　　　　反面
　　　　　　　　　　　　　　　入口

## 6.中華大虎頭蜂*Vespa mandarinia nobilis* Sonan

　　又稱金環胡蜂、臺灣大虎頭蜂、
大胡蜂、大虎頭蜂、中國大虎頭蜂、土
蜂仔或大土蜂（台語）等。雌蜂5.0公
分、雄蜂3.9公分、工蜂4.0公分（圖2.9-
19）。體表絨毛較少；頭部淺黃褐色；
胸部黑色；腹部暗黑褐色，每一腹節後
緣都有黃色環紋，末端數節呈金黃色
（圖2.9-20），是世界上體型最大的虎
頭蜂。

█ 2.9-19 中華大虎頭蜂的三型（郭、葉
攝）

　　臺灣分布於中海拔1,000~2,000公尺，高低海拔零星分布。多在中
北部的山林中活動。另有其他亞種，分布於印度北部、尼泊爾、中南
半島及中國大陸的東南部，北到日本、韓國、西伯利亞。

　　蜂巢築於土穴中，也會築造在樹洞中或石穴中，蜂巢也有外殼包
覆。擴大築巢時，會將穴中的土搬出洞口，堆積在洞口旁邊及四周。
從洞口外尋找堆積的新土，是確認中華大虎頭蜂巢的重要指標，有時
可見到有外殼露出地表面。蜂巢的出入口通常是一個，到了秋末也會
有二、三個的情形（圖2.9-21）。築巢時遇到石塊或樹根阻擋，巢脾會
往橫向延伸，巢脾的排列及形狀不規則（圖2.9-22）。巢脾數目最多9
片，巢室數目6,000個。1984年S.F. Sakagami研究日本大虎頭蜂，巢脾數
目4~10片，巢室數目3,000 ~5,000個。交尾的行為很特別，雄蜂在其他
巢的洞口等待，在地上交尾，交尾後在蜂巢附近的地下越冬。

## 7.黑腹虎頭蜂 *Vespa basalis* F. Smith

　　又稱黑絨虎頭蜂、基胡蜂、黑腹天鵝絨虎頭蜂、黑虎頭蜂、絨毛胡蜂（日文）、黑尾仔（台語）或雞籠蜂（台語）等。雌蜂3.0~3.2公分、雄蜂2.1~2.3公分、工蜂2.0~2.2公分（圖2.9-23）。體表密生絨毛；前胸背板赤褐色，小盾片及後小盾片呈赤褐色，雙翅有金屬光澤（圖2.9-24）；腹部全部呈深黑色，第一腹節端部有一不明顯的縱色環帶；足的跗節呈黃褐色。

　　分布臺灣、巴基斯坦、尼泊爾、印度、泰國、緬甸、越南、斯里蘭卡、印尼的蘇門答臘，及中國的東南方，尼泊爾的喜馬拉雅山區1,500公尺也曾發現。臺灣分布於中海拔100~1,500公尺，以200~800公尺最多，多在山林中活動。2012年在太魯閣國家公園，捕獲黑腹虎頭蜂1,222隻。對遊客安全威脅，排名第二。

　　與黃腳虎頭蜂的築巢方式近似，蜂巢初期築於地下的土穴中（圖2.9-25），少數會築造在低矮的灌木、草叢上或屋簷下。築巢土穴深度只及於土表，撥開土表可見蜂巢，巢內有30~50隻蜂。初期的蜂巢呈卵圓形，直徑只有5~6公分。第一代工蜂羽化後，蜂巢直徑10~12公分。5~6月間，蜂巢遷移到開擴地區的高大樹枝上，極少築巢在較低的樹枝上。蜂巢先呈圓球形12~14公分，增大後呈長卵形，底部略平。蜂巢的外表，呈灰色或暗紅灰色。對築巢的樹種不太選擇，但是對於築巢位置會有選擇性，至少距地面10公尺以上，蜂巢出入口前方要有很開闊的空間。牠們將蜂巢建造在較粗的樹幹上，樹皮會被剝下當築巢材料。蜂巢上方的樹葉剪除露出樹枝，在蜂巢以上的部分樹枝枯萎變黃，這是黑腹虎頭蜂巢的一項特徵。

　　蜂巢的出入口，先呈圓形，與一般虎頭蜂巢相似。到了秋季，蜂巢的出入口逐漸增大變長，周邊逐漸加厚（圖2.9-26）。蜂群再增大後，蜂巢出入口會數目增加1~2個，並且加長加寬。到12月份，蜂巢最大。直徑達65公分，高度95公分。巢脾數目15片，巢室數目40,000多個或更多（圖2.9-27），蜂隻數目約4.4萬隻。次年1~2月份，蜂群解體。

2.9-23 黑腹虎頭蜂的三型（郭、葉攝）

2.9-24 黑腹虎頭蜂雙翅有金屬光澤

2.9-25 黑腹虎頭蜂地下的初期蜂巢（郭、葉攝）

2.9-26 秋末黑腹虎頭蜂巢的出入口加長加多（趙榮台攝）

2.9-27 黑腹虎頭蜂的蛹

# Chapter 3
# 虎頭蜂的防除

虎頭蜂的防除，從摘除蜂巢用的虎頭蜂防護
衣著手。記述引進試用日本製的防護衣，探
討在社區大樓上摘除虎頭蜂巢的有效方法。
並介紹國立臺灣大學昆蟲系團隊，所研發的
虎頭蜂誘集器，在防除虎頭蜂危害的初步
成果。最後，彙整世界各國虎頭蜂的防除方
法。

# 章節摘要

**3.1** 日本製的虎頭蜂防護衣：虎頭蜂防護衣是摘除虎頭蜂巢的基本裝備，農委會林業試驗所採購了兩套。由趙榮臺博士引介，國立臺灣博物館也購置兩套日本製虎頭蜂防護衣，屬於防護服3型，記述實際試用效果。

**3.2** 摘除社區的虎頭蜂巢：詳述摘除社區大樓的虎頭蜂巢歷程，是另外一種有效防除虎頭蜂危害的方法，值得參考。

**3.3** 研發虎頭蜂誘集器：記述國立臺灣大學昆蟲系的團隊，設計多種虎頭蜂的誘集器。利用廢棄的寶特瓶當誘集器，研製不同配方的誘餌，並比較誘集效果。期望引介給遭受虎頭蜂為害的養蜂場，適時的誘殺虎頭蜂。在經常發生虎頭蜂螫人事件的地區，設置誘集器，可以殺除越冬蜂王，減少當年虎頭蜂對人們的危害。誘集器對於畜牧場及養雞場的蒼蠅，也有很好的誘殺效果。

**3.4** 虎頭蜂的防除方法：彙整世界各國虎頭蜂的防除方法，有毒餌撲殺法、誘集器誘捕法、誘殺蜂王法、直接摘巢法、農藥毒殺法、火攻法、吸塵器吸除法、燈光誘殺法及生物防治法等。

# 3.1 日本製的虎頭蜂防護衣

　　虎頭蜂防護衣是摘除虎頭蜂巢的基本裝備，臺灣最早購買日本製虎頭蜂防護衣，是國立臺灣大學植物系的楊再義教授。當年他的日本友人對虎頭蜂很有興趣，曾經想籌建一個虎頭蜂研究所。楊教授和農委會林業試驗所趙榮臺博士多次討論虎頭蜂相關事宜，並且論及研發防護衣極為複雜的過程。後來，林業試驗所採購了兩套，國立臺灣博物館由趙博士引介，也購置兩套。該日本製虎頭蜂防護衣，屬於「防護服3型」（圖3.1-1），一直沒有機會使用，正巧北投文物館來電話，需要協助摘除虎頭蜂巢，趁機請捕蜂專家試穿。2012年3月拜訪新北市消防隊時，首次見到省產的虎頭蜂防護衣，也一併紀錄提供參考。

▌3.1-1 日本製「防護服3型」

## 3.1.1 北投文物館摘除虎頭蜂巢

　　2000年9月份，北投文物館館長李莎莉來電話，擔心文物館旁大樹上的虎頭蜂巢，威脅到遊客的安全，請設法幫忙摘除。北投文物館是國立臺灣博物館的友館，既然友館呼叫，當然義不容辭鼎力襄助。立即商請桃園縣的陳中斌及陳光賢兩位捕蜂專家（圖3.1-2）協助。感激爽快答應，於9月5日晚上6點左右到北投文物館會合。

▌3.1-2 陳中斌及陳光賢先生

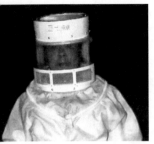

▌3.1-3 頭盔下方三格
為透氣鐵網

白色虎頭蜂防護衣，表面光滑略帶反光，材質是特別精選，具有隔絕人體氣味的功能，防止虎頭蜂感知攻擊。頭盔成圓筒狀，上方頂部有透氣鐵網，因為捕蜂人爬樹時會大量流汗呼吸加速，所以頭盔的透氣設計非常重要。頭盔下緣有三個透氣體鐵網（圖3.1-3），以免呼吸排放的熱氣在面罩內面結成霧狀，中央前方是一片較大弧形塑膠材質的防護罩，不但寬廣視線，又可防護虎頭蜂噴射「蜂尿」。頭盔的兩側各有一個圓形結合緊密鐵紗網，通氣良好，也可保持聽覺通暢（圖3.1-4）。

捕蜂專家另有特殊設計的爬樹裝備，是以略寬的鐵片製成，內側較長約有一尺左右，呈L形穿過鞋底，鉤住鞋子（圖3.1-5）。底部內側有鉤狀突起，便於爬樹（圖3.1-6）。腰間有特製的寬腰帶，一捲長的繩索掛在肩膀上，一端鉤於腰帶上。爬樹之前與莎莉館長合影留念，後方是所有的捕蜂裝備，包括盛裝虎頭蜂的塑膠袋及裝蜂巢的白色網袋等（圖3.1-7）。

天色已暗，捕蜂專家動作熟練，很快的整裝妥當輕鬆爬上樹。因為恐怕爬樹摘巢時，振動樹幹刺激虎頭蜂出動攻擊。所以專家爬樹之前，先請圍觀的民眾進入文物館內迴避，以確保安全。

▌3.1-4 爬樹摘巢，頭盔兩側有透氣的鐵紗網

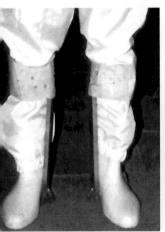

▌3.1-5 爬樹裝備正面

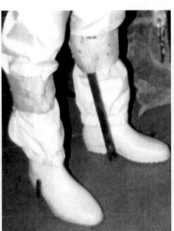

▌3.1-6 爬樹裝備側面

▌3.1-7 李館長與捕蜂專家

樹上的虎頭蜂巢比屋頂略高3~4公尺，專家們一面用捕蟲網掃捕飛出的虎頭蜂，一面攻頂。接近蜂巢時，用棉花團堵住蜂巢的出入口，再用大紗網把蜂巢罩住。以攜帶的繩索在另一樹枝幹上繞過，再鋸下一段樹幹，即將罩住大紗網的蜂巢，並用繩索慢慢垂吊放下。全程耗時約30~40分鐘，摘除的是一窩溫馴的黃腰虎頭蜂，也是被捕蜂人摘巢泡酒最多的種類。

兩位捕蜂專家，當晚檢討日本製虎頭蜂防護衣的優缺點。該防護衣使用的材質很特別，輕薄、表面光滑，使虎頭蜂不易抓住衣服後螫人。而且頭盔、防護手套、上衣、褲子及防護靴等的附件設計，非常貼心精良，例如頭盔與上衣之間有拉鍊相連，褲子下腳及手套末端均有鬆緊束帶，可防止虎頭蜂鑽入。日本專家精心研發的虎頭蜂防護衣，確實有獨特之處。但是摘除蜂巢的專家，仍然在手臂及肩膀被虎頭蜂各螫了一針。探討原因，虎頭蜂防護衣在肩膀及手臂部位的材質太薄，以致於容易被虎頭蜂螫針刺透。所以只要在防護衣的手肘及肩頭等貼身部位，再加黏一層約0.5公分厚的軟泡棉或保麗龍，就可改善了。所幸捕蜂專家，對於虎頭蜂螫還能忍受，沒有過敏反應，順利完成任務。

首次參訪北投文物館，留下了第一次試用日本製防護衣的紀錄。此外，陳中彬先生自行研發的爬樹裝備，非常專業，爬樹時輕而易舉。上述是十多年前的老故事，僅憑記憶及採集紀錄整理，提供摘除虎頭蜂巢作業的參考。據瞭解北投文物館至今，每一兩年仍然要請人摘除虎頭蜂巢，顯然該館還是虎頭蜂棲息的風水寶地。

## 3.1.2 虎頭蜂防護衣

關於虎頭蜂防護衣的種類及捕蜂裝備，摘記媒體報導數則如後：

1974年10月1日新聞報導。…9月28日「範迪」颱風侵襲的前夕。臺北木柵光明路的電力公司職工宿舍，發現一窩虎頭蜂，…四位消防人員穿上防火石棉衣，帶上頭盔、手套，僅僅露出眼睛，駕駛雲梯車進行捕蜂。兩名消防隊員，被毒蜂螫得鼻青臉腫，迄今脖子僵硬無法動彈。（引自中央日報）

1999年12月3日新聞報導。…彰化縣十多年前贏得「虎頭蜂剋星」的黃傳灝，…備有專門登山用的四輪傳動吉普車，車內捕蜂配備齊

全，有密不透風的橡皮雨衣、尼龍網的頭罩、照明設備和鋸子等。白天一人獨往山區勘查，夜間帶著好友同行摘除蜂巢。（引自聯合報）

　　2005年2月13日新聞報導。…宜蘭員山鄉民蔡振弘，常進入深山尋覓虎頭蜂巢，…數年前他花費五萬元，訂製一套絕無僅有的捕蜂衣。捕蜂衣不但堅實，背後還裝有電風扇，手套可抵抗一萬伏特的電壓。有了這套捕蜂衣，再兇猛的虎頭蜂都要臣服於他。（引自世界日報）

　　直接摘除蜂巢，是預防虎頭蜂危害，最危險又有效的方法。進行摘除蜂巢，通常在晚上等到虎頭蜂全數回巢後進行，當然要有良好的虎頭蜂防護裝備。早年消防隊員及義消們大多數以消防車，配上防火石棉衣及手套，再戴上密不透風的防火頭盔，就出動捕捉虎頭蜂。這是比較老舊而危險的裝備，因為衣帽之間有空隙，會讓虎頭蜂見縫插針。捕蜂人自製的防護衣各有巧思。1985年羅錦吉及夥伴們穿著自製的防護衣，大白天爬到數十公尺高的樹枝上摘除蜂巢，完成任務毫髮無傷，可見他們的防護衣設計也非常理想。

### 3.1.3 省產虎頭蜂防護衣

　　2012年拜訪新北市消防隊時，消防隊已經購置了省產的虎頭蜂防護衣。與日本製虎頭蜂防護衣相較，省產防護衣的材質表面粗糙，虎頭蜂很容易抓住衣服後螫人，而且穿上之後行動有些不便。此外，防護衣帽都是白色，帽子及頭罩前方接有一大片透明PVC板（圖3.1-8），以防虎頭蜂攻擊眼部及臉部。不過帽簷太大，只試戴了幾分鐘，就產生一層霧氣（圖3.1-9），爬上枝葉繁茂的大樹時，容易影響捕蜂人的動作。至於衣帽連接的領口部分，有拉鍊與頭罩結合（圖3.1-10），使防護更嚴密，一體性的防護設計（圖3.1-11），安全度很好。袖口部分也有安全設計，構思精細。手套是橘色系（圖3.1-12），略為嫌短。整體而言，頗具水準，但仍有改良空間。另據宜蘭大學的學生告知，穿上省產一種淺橘色的虎頭蜂防護衣，摘除蜂巢及進行研究工作時，仍然會被螫傷。

　　看了消防隊的虎頭蜂防護衣之後，再從網路上搜索虎頭蜂防護衣的相關資訊，找到某公司的虎頭蜂防護衣規格，與新北市消防隊的規格相似。虎頭蜂在開始攻擊時，對顏色有特別偏好。虎頭蜂防護衣

選用白色系與淺橘色系，都是理想的顏色。另有一款虎頭蜂防護衣的手套是黑色，就不太理想，因為黑色會成為虎頭蜂攻擊的目標。實務上，虎頭蜂防護衣一經現場使用，馬上可以分辨優劣。

┃3.1-8 消防隊的防護衣，帽子及頭罩

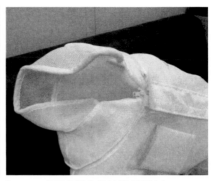
┃3.1-10 領口部分有拉鍊與頭罩結合

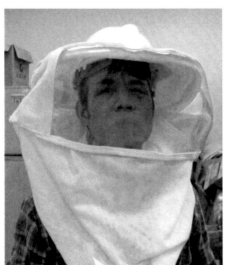
┃3.1-9 面罩會產生霧氣

┃3.1-11 一體性的防護衣

┃3.1-12 防護手套

# 3.2 摘除社區的虎頭蜂巢

新北市汐止區新雪梨社區管理委員會的陶行仁主委，2003年10月來電話，提到社區內發現有一窩虎頭蜂。為了住戶安全請求協助處理。接到通知後，立即連絡摘除虎頭蜂的朋友。接著，要確認是哪一種虎頭蜂？瞭解虎頭蜂築巢的位置，考量可能對社區造成的危害，還要考慮是否必須摘除？又如何摘除？

新雪梨社區共有6棟17層高的大樓，虎頭蜂築巢在第6棟13樓的屋簷外，實際上是在第14樓突出陽台的下方（圖3.2-1）。自從13樓住戶發現一窩虎頭蜂搬來當鄰居後，屋主全家夜夜不能好眠。除了打電話，請陶主委幫忙解決之外，並特別交代家中的小孩們，絕對不能開窗。屋主的處理非常正確，如果開窗，虎頭蜂飛入室內的機率很高。

為了實際瞭解虎頭蜂巢的狀況，特別拜訪受到驚嚇的屋主。陶主委隨行，加以解釋後，屋主讓我們進屋。先請他們開窗，查看虎頭蜂巢的位置。開窗之前，請大家迴避。虎頭蜂選擇了社區中風勢較小的方位築巢，蜂巢上方有屋簷可以遮雨，對面是一大片屋頂及廣大的綠野山坡。視野極為廣闊，居高臨下，虎頭蜂出入方便，風水很好（圖3.2-2）。虎頭蜂會選擇風水的特性，又得到一次證明。這巢虎頭蜂確認是黃腳虎頭蜂，但是為甚麼到了10月份，比排球還小？經驗判斷，是虎頭蜂巢的原巢遭到破壞後，搬來本社區築造新巢。理論上，正常的黃腳虎頭蜂巢，到了10下旬，應該發展到兩倍以上的大小。

3.2-1 新雪梨社區虎頭蜂巢的位置

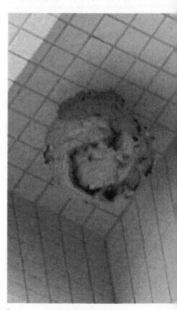

3.2-2 虎頭蜂巢位置的風水很好

回憶2001年9月份納莉颱風過後不久，看到國立臺灣博物館後方高高的屋簷下，在相隔大約20公尺處，築造三個虎頭蜂巢。經驗告知這是虎頭蜂的原巢被颱風摧毀後，築造新巢的模式。通常再造的新巢，蜂巢的尺寸比較小。蜂群中可能沒有產卵的蜂王，只有工蜂行孤雌生殖，蜂群維持不久就會解體。

　　新雪梨社區的黃腳虎頭蜂，因為築巢在窗戶外方，如果不小心開窗，虎頭蜂就有機會飛入室內。經過評估後，建議立即摘除。陶主委請到河野重機的大吊車，於10月25日晚間8時左右來到社區，吊車基座固定在社區外方的道路上。該公司有摘除蜂巢的高手隨行，並備有簡易裝備，包括雨衣、雨鞋、手套、一團棉花、一個麻布袋及一個鐵桿等。

　　摘巢高手用大麻布袋自頭頂套下後，在腰際用帶子束起，著裝就算完成（圖3.2-3）。一個人登上大吊桿車，站在吊桿車前方的方型籠中（圖3.2-4），隨大吊桿車緩緩上升（圖3.2-5）。到了虎頭蜂巢的旁邊，先用棉花塞住蜂巢出入口，再用網袋罩住虎頭蜂巢，另一手用鐵桿把整個虎頭蜂巢鏟下裝入袋中（圖3.2-6）。大吊桿車的長長吊臂上，每個環節都有照明設備，夜間作業非常方便（圖3.2-7）。不到一個小時，捕蜂高手全副武裝的帶著黃腳虎頭蜂巢拍照留念（圖3-2.8），準備回家泡酒滋補。大吊車出動有固定價碼，公司人員有捕蜂經驗，可為他們公司帶來一項新的營利項目。

▌3.2-3 捕蜂高手用大麻布袋自頭上套下

▌3.2-4 捕蜂高手登上大吊桿的方形籠

3.2-5 方形籠緩緩上升

3.2-6 捕蜂高手開始動手

3.2-7 大吊桿車的雄偉姿態

3.2-8 捕蜂高手持戰利品返回

　　因為，虎頭蜂巢的周邊沒有障礙，蜂巢在堅固水泥牆上，摘除蜂巢過程中，完全沒有振動到虎頭蜂巢附著的牆面，更沒有騷擾虎頭蜂。長吊臂直接升到了虎頭蜂巢的旁邊，神不知鬼不覺，虎頭蜂來不及反應就被活捉。摘除虎頭蜂巢的過程乾脆俐落，值得社區高樓摘除虎頭蜂參考。當然，大吊車要能夠開到附近，長吊臂能伸展的長度要估算正確，還要有足夠的停車空間及穩當的固定大吊車基座，才能順利完成任務。

　　社區裡虎頭蜂巢除去後，陶主委概述處理情形並公告系列照片，獲得社區住戶讚賞。作者有機會為社區奉獻一點心力，也感覺非常高興。當初曾經研商，想請消防隊協助處理。但是，考慮到消防車可能沒有那麼長的吊臂，以社區整體結構，大型消防車要開進社區裡相當困難。最後決定社區自行商請適當的大吊車協助摘除虎頭蜂巢，可以減少消防隊出勤人力，也不失為另外一種摘除虎頭蜂巢的模式。

# 3.3 研發虎頭蜂誘集器

## 3.3.1 日本的虎頭蜂誘集器

　　1981年隨指導教授何鎧光博士等，赴日本參加國際會議，專程拜訪東京的玉川大學蜜蜂研究中心，第一次見到虎頭蜂誘集器。玉川大學的老教授岡田博士贈送一個約50×30×15公分的誘集器，帶回臺灣，曾在國立臺灣大學昆蟲系實驗養蜂場試用。日本的虎頭蜂誘集器，利用蜂的行為來誘捕虎頭蜂，並不使用誘餌。試用後確實有誘集效果，誘集到活的虎頭蜂，被關在誘集器中飛舞。當年因忙於其他研究，沒有繼續虎頭蜂誘集器的研究。近年來，虎頭蜂對蜜蜂的危害並未減少，想起日本的虎頭蜂誘集器，覺得有再開發的價值。但是，日本製的誘集器已不知流落何方，時間久遠僅憑記憶繪圖如後（圖3.3-1），以供參考。

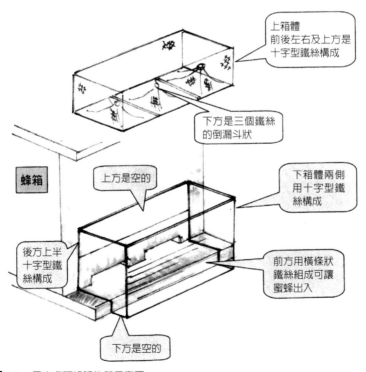

上箱體
前後左右及上方是
十字型鐵絲構成

下方是三個鐵絲
的倒漏斗狀

蜂箱

上方是空的

下箱體兩側
用十字型鐵
絲構成

後方上半
十字型鐵
絲構成

前方用橫條狀
鐵絲組成可讓
蜜蜂出入

下方是空的

▍3.3-1 日本虎頭蜂誘集器示意圖

日本製的誘集器用鐵絲網構成，有上箱體、下箱體兩部分，上下箱體之間，有環扣相連。兩箱體相連後，放到蜂箱前捕捉虎頭蜂。上箱體的上方及前後、左右四側都用十字型鐵網封住，上方有連結器可固定或開啟，下方沒有鐵網，是由三個倒漏斗狀鐵網相連，圍成一個圍囚虎頭蜂的空間。倒漏斗狀開口，約在鐵網高度2/3處，漏斗的口徑約2公分。下箱體的兩側是十字型鐵網，前方是橫的鐵絲排列而成，寬度正好讓蜜蜂通過。後方一半是鐵絲構成，下方是空的，下箱體的上方也是空的。

　　誘集器卡在蜜蜂的蜂箱上，讓喜好爬在蜂箱起降板上，或從蜂箱側面攻擊的虎頭蜂，無法得逞。虎頭蜂必須自誘集器的下方進入，才有捕捉蜜蜂的機會。虎頭蜂捕捉蜜蜂後，有直接向上飛行回家的習性。正好經過下箱體上方，通往上箱體的漏斗口，進入上箱體，卡在其中無法飛出，虎頭蜂會累死或餓死在上箱體中。如果把上、下箱體分開後，困住虎頭蜂的上箱體放入冰櫃中，低溫會讓虎頭蜂昏迷或凍死。虎頭蜂昏迷後，從上箱體的上方開啟，可將虎頭蜂取出。日本虎頭蜂誘集器的設計，的確有巧妙之處，小野正人博士提供一張照片參考（圖3.3-2）。

▌3.3-2 日本的虎頭蜂誘集器—小野正人攝

日本虎頭蜂誘集器，應該是針對大虎頭蜂的習性而設計，但對於臺灣的其他虎頭蜂也有誘集效果。臺灣的養蜂技術是由日治時代流傳下來，飼養蜜蜂的蜂箱也是沿用日式蜂箱。日本誘集器放在臺灣蜂箱的起降板上，正好卡住。

## 3.3.2 研發虎頭蜂誘集器

1990~1992年間，開始設計多種虎頭蜂誘集器。主要利用廢棄的寶特瓶當誘集器，研究比較不同誘集器的誘集效果。在墾丁國家公園及臺北陽明山國家公園試用期間，吊在樹上的誘集器，因為距離樹幹太近，誘集器中有美味食物，遭松鼠咬破洞（圖3.3-3）。誘集器吊掛在樹上的位置，都要不斷改進才能達到效果。

2003~2004年間，繼續改良虎頭蜂誘集器的結構，研製不同配方的誘餌，比較誘集效果。曾經在曾文水庫試用過各種形式的誘集器，包括雙瓶600cc誘集器（圖3.3-4）及1250cc誘集器（圖3.3-5）。而在墾丁國家公園則試用了大型塑膠罐製成的誘集器（圖3.3-6），便於捕捉更多的胡蜂類，但是攜帶不太方便。當年也仿製一個1980年愛德華（R.Edwards）大型誘集器（圖3.3-7），因為製作成本太高，誘集效果與大型塑膠罐的誘集器相近，停止試用。在墾丁國家公園捕獲的虎頭蜂標本，移入玻璃瓶（圖3.3-8），運回保存。

▌3.3-3 寶特瓶被松鼠咬壞—陽明山國家公園

▌3.3-4 雙瓶型誘集器—600cc—台南曾文水庫

▌3.3-5 雙瓶型誘集器—1250cc—台南曾文水庫

▍3.3-6 大型塑膠罐誘集器—墾丁國家公園

▍3.3-7 仿製愛德華誘集器—墾
丁國家公園

▍3.3-8 誘集的標本移入玻璃瓶保存—墾丁國家公園

### 3.3.3 製作虎頭蜂誘集器

　　設計虎頭蜂誘集器的基本原理，是利用誘餌氣味，引誘虎頭蜂進入誘集器。讓虎頭蜂淹死在誘餌中，或利用虎頭蜂取食誘餌後，向上及向光亮處飛行的習性，困住虎頭蜂。為便於推廣，誘集器的製作材料，以容易取得、製作簡單又省錢為主要考量。選用600cc（圖3.3-9）、2000cc（圖3.3-10）兩種廢棄寶特瓶，加工後製成誘集器。誘集器可分為兩種，功用不同：一種單瓶型誘集器，誘集的虎頭蜂直接被淹死在誘集器中。另一種雙瓶型誘集器，誘集的虎頭蜂在誘集器中是活的，可作泡虎頭蜂酒之用。

▌3.3-9 單瓶誘集器─600cc ▌3.3-10 單瓶誘集器─ ▌3.3-11 加裝防雨遮的誘集器-台大昆蟲館
2000cc

# 1.單瓶型誘集器

　　取廢棄的寶特瓶，自瓶口下方約三分之一處，用美工刀劃出斜十字型的開口。開口用手指從外向內推，內方形成三角型的尖齒。開口的外方較大，內方較小，手指退回時，小心不要被尖齒鉤傷，製作完成。瓶中裝入約6公分高的誘餌，旋緊瓶蓋。瓶口部位綁上鐵絲，掛到樹上即可使用。十字型開口大小，按照預期捕捉的虎頭蜂種類來設定，約在1.5~2.5公分之間。若誘集對像是黃腰虎頭蜂、黃腳虎頭蜂及黑絨虎頭蜂，可開較小的口。若誘集對像是較大的姬虎頭蜂、中華大虎頭蜂，則需要較大的開口。

　　虎頭蜂被誘餌引誘，進入瓶中，取食後想要飛出。因為開口的三角形尖齒部分向內，虎頭蜂身體要擠出來就很困難。寶特瓶內壁平滑，虎頭蜂會在瓶中不斷的飛行，不易飛出，體力耗盡淹死在瓶底的誘餌中。

　　專門在養蜂場使用的虎頭蜂誘集器，瓶口至十字型開口部位，可用黑色漆噴成黑色。在黑色部位開出5~8個小的十字型開口，由內向外翻，口徑約1公分，可讓誤入誘集器中的小蜜蜂脫困。若誘集器放置的時日太久，淹死在誘餌中的虎頭蜂，會發出腐爛臭味。如果誘集虎頭蜂太多，攜回後要破壞寶特瓶，取出虎頭蜂並檢視成果。誘集器至少每週更換一次，才會有較好的誘集效果。誘捕期間曾經遇到雨水太多，會灌進誘集器內，使誘集無效。設計特別為誘集器戴個帽子，就解決了雨水灌入的問題（圖3.3-11）。

▌3.3-12 雙瓶型誘集器─2000cc ▌3.3-13 主體瓶的底部
　─完成

## 2.雙瓶型誘集器

　　雙瓶型誘集器是將兩個寶特瓶結合而成，一個為主體，另一個為副體（圖3.3-12）。主體的結構如單瓶誘集器，但是要在瓶底部燒出約0.5公分小孔，大約10個或更多（圖3.3-13）。並於主體上方瓶壁上開小孔，主體的瓶口用倒漏斗狀紗網圍住（圖3.3-14）。副體底部的三分之一處切成兩半，上方三分之二套在主體的上方，並用透明膠帶黏住。副體的下半裝入誘餌後，套在主體的下方，用寬的膠帶結合（圖3.3-15）。主體的十字型開口以下的部位，用黑色噴漆塗布，效果更好。

　　虎頭蜂被誘餌氣味吸引，進入誘集器主體後，只能嗅到誘餌的氣味，但吃不到食物。虎頭蜂向上方光亮處飛行，並向上爬，一但通過主體瓶口後，就會困在上方的副體瓶中飛舞，或累死在其中。收取被困的虎頭蜂時，可打開上方副體的瓶蓋，讓活的虎頭蜂一隻一隻從瓶口爬出來，用鑷子取出。如果對於虎頭蜂有恐懼感，可將誘集器底部盛有誘餌部分取下另置。把誘集器主體瓶連同上方的副體，放在冰櫃中冰凍3~5分鐘，待虎頭蜂冷凍昏迷後取出。也可以冰凍1~2分鐘，趁虎頭蜂清醒之前，讓牠們揹上農藥小包、或沾有農藥的棉線，飛回蜂巢，藉以殺除整巢虎頭蜂。

▌3.3-14 主體瓶的瓶口　　　　　▌3.3-15 副體瓶下半與主體結合

## 3.3.4 誘餌的配方

　　罐頭鳳梨是配方的重要成分，對於許多昆蟲類都有致命的吸引力。另有薑糖漿、魚肉罐頭、果汁、啤酒、酵母及美國使用最有效的2-4，hexadienyl butyrate等。糖分是蜂類的最愛，酵母可使誘餌的成分發酵，產生氣味散佈到空氣中。此外貓食罐頭有特殊氣味，有些種類的虎頭蜂特別喜好。以下兩種基本配方，僅供參考，可斟酌加減其他成分。

配方一
鳳梨汁（罐頭150g）＋糖（10g）＋酵母（1g）＋水（53g）＋其他。

配方二
鳳梨汁（罐頭150g）＋糖（10g）＋芥末（20g）＋酵母（1g）＋水（33g）＋貓食罐頭（少許）＋其他。

　　2004年姜義晏等的報告，對誘餌的研發有很大的突破。發現不同配方的誘餌，使用相同的誘集器，在相同地區及相同時期，對誘集虎頭蜂的效果差異很大。2003~2004年，在新北市烏來誘集的結果，可明顯看出。換言之，不同種類的虎頭蜂，對不同配方的誘餌也有不同的

喜好。同一種虎頭蜂在不同的月份，對誘餌的喜好也有差異。誘集器在養蜂場使用時，要針對不同虎頭蜂的種類，採用適當的誘餌，才能達到最佳的效果。

### 3.3.5 養蜂場誘殺虎頭蜂

　　每年3~5月，新蜂王從蟄伏處甦醒，開始活動。可在曾經發生虎頭蜂危害的養蜂場，設置誘集器，誘殺越冬後的虎頭蜂新蜂王。殺除一隻新蜂王，等於除去一窩虎頭蜂，會有立竿見影的防除效果。

　　2005年4月11日作者在台大昆蟲系授課的教室內，曾經捕捉中華大虎頭蜂及黑腹虎頭蜂的蜂王各一隻。5月2日在同一教室，又捕捉到黃腰虎頭蜂的蜂王一隻。因為該教室在養蜂場上方二樓，下午的陰天時段，在養蜂場徘徊的虎頭蜂會被燈光引誘。進入教室後，在日光燈管附近盤旋並上下飛舞，很容易用捕蟲網捉住。實際上，每年的4~5月期間，都有虎頭蜂入侵教室的記錄。這幾隻虎頭蜂王實在不幸，闖入教室的時機不對，正逢作者正在上課，立即將牠們緝捕歸案。正好在授課內容中，臨時追加一段活教材，當場示範並講解如何捕捉及認識虎頭蜂的越冬蜂王。由此推測，若養蜂場中使用燈光誘集，或許會有很好的效果，也是值得研究的方向。

### 3.3.6 虎頭蜂誘集器的誘集效果

　　相同誘餌對於同種虎頭蜂，在不同環境中的誘集效果會有差異。如果在一個地區誘集效果不佳，就得更換誘餌或加重誘餌中某些成分，才能改善。因為周圍環境中所發出的氣味，包括蜂群的氣味、蜂群中存蜜的多寡及果園散發的氣味等，都會影響誘餌對於虎頭蜂的引誘力。所以，不同的季節，也要更換誘餌，或是更新誘集器，才能維持誘集的最佳效果。

　　初次使用誘集器的場地，必須經過試用調整方位後，誘集器才會發揮效能。另外，誘集器吊掛的位置及高度，養蜂場中的地勢、風向及溫濕度等環境條件，也有密切關係。不同地區的養蜂場中，造成危害的虎頭蜂種類也不同。所以，虎頭蜂誘集器的十字開口大小，要隨

之調整。裝入的誘餌，也要依據虎頭蜂的種類，斟酌變化。誘餌成分調整的適當與否，是養蜂場成功誘殺虎頭蜂的關鍵因素。

　　各地養蜂場如果使用虎頭蜂誘集器，需要再花一些功夫，作一些適當的微調，才能適用於地區的養蜂場。初步研發的誘集器及誘餌配方，確實有相當好的效果，值得參考。

## 3.3.7 結語

　　研發虎頭蜂誘集器，利用最簡便、最經濟的廢棄物寶特瓶，製作成誘集器。期望能夠引介給遭受虎頭蜂危害的養蜂場，適時的進行誘殺，才能減少蜜蜂受害。尤其在經常發生虎頭蜂螫人事件的地區，例如中小學校、果園、遊憩區、登山步道及國家公園等，設置虎頭蜂誘集器，除了可以殺除越冬蜂王，並可瞭解虎頭蜂在特定地區，發生的月份、數量等，作為預測虎頭蜂出沒的指標。

　　在誘集器的田野試驗過程中，發現誘集器對於畜牧場及養雞場的蒼蠅，有很好的誘殺效果，是一項意外的驚喜。希望有蒼蠅困擾的畜牧業或其他業者，能夠參與研究，集思廣益。利用這類保特瓶廢棄物，研發出經濟、簡便又實用的蒼蠅誘集器。更廣泛地運用到相關產業，誘殺害蟲，造福社會。

# 3.4 虎頭蜂的防除方法

　　世界各國的專家學者，都在研究虎頭蜂的防除方法，防除方法可區分為「預防方法」及「殺除方法」。預防方法雖消極，但是較為人道。殺除方法較為霸道，僅摘記毒餌撲殺法、誘集器誘捕法、誘殺蜂王法、直接摘巢法、農藥毒殺法、火攻法、吸塵器吸除法、燈光誘殺法及生物防治法，提供參考。

## 3.4.1 預防方法

### 1.垃圾管理

　　垃圾堆中的腐肉、果皮、食物餘碎及殘剩飲料等，都是招引虎頭蜂等蜂類前來活動的誘因（圖3.4-1~4）。休閒遊憩區如果把垃圾管理好，遊客們把垃圾裝入垃圾袋，放進密閉的垃圾桶或垃圾臨時存放處。在運送途中，做好封閉、壓縮及焚毀等處理。讓虎頭蜂找不到食物，就會被迫遷居或減少出沒。垃圾管理雖然是消極防除方法，但是長期實施定然有效。只是在執行上，或許會有很多不易解決的障礙。

### 2.設置警告標誌

　　休閒遊憩區若發現區域內有虎頭蜂出沒，即需儘速規劃出危險區域，並設置警告牌，請遊客勿進。如果有黃腳虎頭蜂、中華大虎頭蜂

▌3.4-1 高速公路休息站的垃圾桶招引蜂類活動

▌3.4-2 垃圾桶有黃腳虎頭蜂取食

及黑腹虎頭蜂出沒的地區，對於人們威脅性較大，容易引起螫傷或致死，要特別注意事先防範。部分休閒遊憩區及國家公園在這方面都有許多的措施及努力，但宜做更具體的規範，以減低遊客的意外傷亡。如果發生蜂螫事件較頻繁的休閒遊憩區，在虎頭蜂事故的高峰期，設置臨時急救站，將更有實質的意義。

### 3.提供虎頭蜂生態教育

如果能在休閒遊憩區，提供認識虎頭蜂的相關課程，教導遊客認識當地虎頭蜂的種類、習性、螫人行為、防範處理等；印製宣導手冊，發送給遊客，可增加知性之旅的附加價值。或透過產官學合作，進行虎頭蜂的生態調查，記錄虎頭蜂出沒的月份、種類、月平均溫度等。累積數年之後，可明確瞭解虎頭蜂的確實分布地點、發生月份、溫度及與地區的關係，提出更有效的預防之道。

## 3.4.2 殺除方法

各地消防隊員、義消及捕蜂人，近年來不斷研究改進殺除虎頭蜂的方法，僅彙整部分國內外殺除虎頭蜂的方法，提供參考。

### 1.毒餌撲殺法

對於在高大的樹枝上築巢的虎頭蜂，由於不便攀登、不易摘除，可用毒餌撲殺來處理。有些養蜂場，常見虎頭蜂前來騷擾，但是找不

▌3.4-3 垃圾桶中的擬大虎頭蜂

▌3.4-4 垃圾桶中的一種馬蜂

到牠們的蜂巢，也可用此種方法解除虎頭蜂的威脅。先把農藥分裝到很小的膠囊中，裝妥幾個之後，準備瞬間黏著劑。一切備妥，在蜂箱前用捕蟲網捉幾隻活的虎頭蜂，把小膠囊黏在虎頭蜂胸部背板，讓牠們帶回蜂巢。或是備妥浸農藥的棉線數根，將棉線綁在虎頭蜂腳上攜回蜂巢。回巢的虎頭蜂在清理身體時，將農藥散佈到整個蜂群，使整群死亡。若使用的農藥適當，會有良好的效果。

2000年福建農業大學蜂學系王建鼎教授，推薦使用「毀巢靈」毒殺法，有人工敷藥和自動敷藥兩種方法。前者是用「人工敷藥器」，藥粉塗佈到捕捉的胡蜂胸部背板上。後者是用「自動敷藥器」，把粉劑敷到胡蜂軀體上。處理後的敷藥蜂歸巢，可毒殺群內個體，達到毀巢目的。

## 2.誘集器誘捕法

1980年R.Edwards介紹一種傳統的胡蜂誘引法，以果醬、酵母粉等食物，加水盛入罐中或容器中，引誘虎頭蜂進入溺斃。參見本書3.3，詳細記述自行研製的多種誘集器及不同誘餌，初步試驗誘集虎頭蜂的效果良好。

2012年9月國立臺灣大學昆蟲系吳文哲教授，介紹一種最新的美國製胡蜂誘集器「RESCUE-W.H.Y. Trap」，可誘集黃蜂（Wasps）、虎頭蜂（Hornets）及黃胡蜂（Yellow Jackets），由美國Sterling International Inc.製造。誘集器有兩層，誘餌放置在底部，可將胡蜂誘集到雙層誘集器的上層。誘餌的主要成分含庚丁酸99.8%、2-甲基-1-丁醇59.75%、醋酸8.0%及其他成分，誘集效果可維持兩周。誘集的虎頭蜂，以美國禿面虎頭蜂（Bald-faced hornet：*Dolichovespula maculate*）及歐洲虎頭蜂 European hornet ：*Vespa crabro*）為主。

## 3.誘殺蜂王法

每年3~5月新蜂王從蟄伏處甦醒，開始活動及築巢時，使用虎頭蜂誘集器誘殺越冬新蜂王，可使該地區當年的虎頭蜂危害減少。如果能夠在4~6月找到第一代虎頭蜂尚未羽化前的小蜂巢，請捕蜂人來摘除，也是兩利的防除方法。但是，如果沒有實際經驗，要找到小蜂巢較為困難。

## 4.直接摘巢法

通常兩人一組利用日間，穿著防護裝備，爬上高大的樹枝直接摘巢。因爬樹的動作會引起虎頭蜂攻擊，必須先使用捕蟲網掃捕攻擊蜂。捕蟲網裝滿攻擊蜂後，放入繫在腰間的厚塑膠袋內。攻擊蜂大部分被收捕後，用棉花堵住蜂巢出入口，再把蜂巢附著的整枝樹幹鋸下，用繩索綁緊垂吊，自樹頂放下，就大功告成。摘除一群虎頭蜂，大約1~2個小時，是捕蜂人最常用的方法，最直接有效，但也是最霸道的方法，參見本書相關章節。對於剷除築巢在地下的中華大虎頭蜂，可穿著防護裝備，用捕蟲網先掃捕飛出的虎頭蜂，放入酒袋。掃捕殆盡後，再用鋤頭把蜂巢挖除。

## 5.農藥毒殺法

早期常用的方法，等虎頭蜂夜間全部回巢後，用殺蟲劑向虎頭蜂巢出入口噴幾秒鐘，再以棉花浸四氯化碳後，塞住蜂巢出入口。等虎頭蜂昏迷死亡後，再用網袋將蜂巢包裹好取下。使用此法之前，必須要先瞭解蜂巢有幾個出入口，若有多個出入口的蜂巢，就比較危險。黑腹虎頭蜂及中華大虎頭蜂蜂巢，九月之後會有一個以上的出入口，要特別小心。

新加坡使用背負式噴霧器，直接噴射農藥殺除虎頭蜂，效果良好。農藥自蜂巢出入口噴入，虎頭蜂會很快麻痺，因為油性的物質使虎頭蜂的雙翅無法飛行。對蜂類毒性很強的農藥，有賽文、速滅松、大利松、大滅松、馬拉松、安丹等。美國只准許賽文及大利松兩種農藥粉劑，用於殺除胡蜂，並且規定必須使用特殊噴粉器噴撒。因為臺灣的捕蜂人想要製作虎頭蜂酒，目前大部分都放棄這種毒殺方法。

## 6.火攻法

利用夜間虎頭蜂全部回巢之後，火攻樹枝上的蜂巢。早期的火攻法，是在離蜂巢數公尺或數十公尺的開闊處，燃燒煤油火炬，可使虎頭蜂撲火死亡。近年改用殺蟲劑直接噴入蜂巢出入口，接著使用點燃器伸入蜂巢口點火，蜂巢立即燃燒。夜間虎頭蜂巢受到騷擾後，牠們最喜好撲向火焰，其次才攻擊騷擾蜂巢的人。

但是此法容易引起虎頭蜂螫人，必須要有妥善的防備。而且，火攻法很容易引起火災，盡量避免使用。火攻法，通常用於對付築巢在較低的黃腰虎頭蜂。

## 7.吸塵器吸除法

等到夜間虎頭蜂全部回巢，用強力吸塵器吸除巢內蜂隻後，摘除蜂巢。約在2000年前後，臺灣開始使用吸塵器摘除虎頭蜂巢。吸塵器的網袋改成小鋼網袋，吸塵器前方管狀前端的內部，加裝兩個小LED燈，使用效果更好。如果配合消防隊的雲梯車，對於摘除黃腰虎頭蜂，方便又安全。但是如果用來吸除高大樹枝上的雞籠蜂，或築巢在地下的土蜂及大土蜂，則要考量實際環境，再做抉擇。摘記媒體報導如後。

2012年10月1日新聞報導。苗栗縣客莊國小前的一處民宅3樓外牆，民眾發現有一個籃球大小的虎頭蜂窩，…消防隊獲報出動雲梯車前往拆除，其中一名義消還帶來自行改裝過的吸塵器捕蜂，大約400多隻虎頭蜂不到半個小時全都被抓了起來。（引自民視即時新聞）

2003年11月24日新聞報導。臺北新店消防隊義消鐘慶邦是個捕蜂英雄，十年來摘下大約三百個虎頭蜂巢。臺北縣政府日前表揚他為義消楷模，他把捕來的虎頭蜂…，消防隊供應的捕蜂器材只有捕蜂衣，其他都靠自行設計。他自行用心設計的捕蜂器材，除了捕蜂網，另有改良的吸塵器。吸塵器馬力大，吸引的管道拉直，內部有一個小鋼網袋收集吸入的虎頭蜂。（引自聯合報）

## 8.燈光誘殺法

等夜間虎頭蜂全部回巢，利用燈光誘集虎頭蜂溺斃於酒中，再摘除樹枝上的蜂巢，這也是古老的防除方法。先取一盆子，倒入半盆米酒，移近蜂巢附近，用強力燈光打入盆中。一切備妥，輕輕敲動樹幹振動蜂巢，虎頭蜂會幾隻一組的衝向照亮的盆子，掉入酒中淹死。過一會兒，等待蜂巢內只剩下蜂王、雄蜂及少數幼蜂，就很容易取下蜂巢。這種方法，也只能用於黃腰虎頭蜂。

### 9.生物防治法

　　虎頭蜂巢中，曾發現類似白殭菌的屍體、蠅類、蛾類破壞蜂巢及其他寄生生物。有一種強盜蠅，會捕食虎頭蜂。有螳螂及蜘蛛會危害虎頭蜂。另有蜂鷹會破壞虎頭蜂巢，是虎頭蜂的最大天敵。蜂鷹破壞樹上的虎頭蜂巢，也還會破壞土中的虎頭蜂巢。蜂鷹在兩天內，會挖掘一個25公分寬、40公分深的洞穴，取食虎頭蜂的幼蟲及蛹。應用生物防治方法來防除虎頭蜂，到底有多少必要性及防除效果，有待評估。

## 3.4.3 結語

　　「預防」勝於「殺除」。如果政府相關主管部門，在歷年來虎頭蜂發生危害較多的危險地區，加強預防管理措施，可使虎頭蜂對人們的危害降低。建議在蜂螫事故的高峰期，於危險地區設置臨時急救站，將有實質意義。只有在不得已的狀況下，才考慮採用「殺除方法」處理。上述各種防除方法，都有獨到之處。究竟採用何種方法防除虎頭蜂，需依照實際狀況審慎行動，以減少工作人員的傷亡。

# Chapter 4
# 蜂螫的預防及處理

預防虎頭蜂螫，首先要瞭解被蜂螫的疼痛。遇到虎頭蜂飛來，要如何處理才能倖免。蜂螫後的處理，中西醫各有不同的方式。為了推廣預防虎頭蜂螫，作者也略盡了一些棉力。

■ 姬虎頭蜂採蜜（林義祥攝）

**4.1** 蜂螫的痛：沒有被蜂螫過，就無法深切瞭解被蜂螫的痛。不只是疼痛，還得擔心可能引起過敏反應，或導致休克。轉述蜜蜂螫人最痛的部位的報導，回憶蜜蜂螫人的往事。作者再度體驗蜜蜂的蜂螫反應，蜂螫與人們體質的關係等。

**4.2** 遇到虎頭蜂怎麼辦：記述如何辨識虎頭蜂的行為，遇到虎頭蜂的現場臨機應變及適當的預防措施，分為四個等級來處理。也詳述虎頭蜂的攻擊方式，提醒在山野地區工作或秋季登山郊遊時的注意事項。

**4.3** 蜂螫的處理：屬於專業的醫學領域，醫師朋友特別提醒，蜂螫後每個人的反應及症狀都不盡相同。中西醫也有不同的治療基礎，僅將蒐集的資料提供參考。由於人命關天，一旦蜂螫事件發生，最好是先作緊急處理，再盡速送醫院急救。

**4.4** 蜂螫預防的推廣：1985年10月份陳益興師生蜂螫事件後，作者當年在臺灣省立博物館，配合辦理「虎頭蜂特展」，並接續推展如何預防蜂螫的系列活動。2003年又針對中小學及民間團體，提出「虎頭蜂防治策略」計畫，推廣預防虎頭蜂螫的教育。

# 4.1 蜂螫的痛

　　沒有被蜂螫過，就無法深切瞭解被蜂螫的痛。不只是疼痛，還得擔心可能引起過敏反應，或導致休克。記得1967年在國立中興大學三年級時，選修昆蟲學系貢穀紳教授所開授的「養蜂學」。同學們上實習課時都戰戰兢兢，就怕被蜂螫。當時的助教李幼成先生規定，上課必須穿長袖長褲，還要帶帽子加上防護面網。因為，上實習課必須打開蜂箱檢查蜂群，免不了被蜂螫。回憶當年初次被蜂螫那種椎心之痛，難過得眼淚都流下來。大學教學用的蜂群是西方蜜蜂（*Apis mellifera*），蜂針療法使用的也是西方蜜蜂。當然，蜂螫的痛是來自西方蜜蜂的蜂毒。後來體驗比較，東方蜜蜂、大蜜蜂及虎頭蜂的蜂螫之痛都不相同。

　　養蜂學修完成績亮麗，但是雙手及手臂上，留下幾十個蜂螫的紅點。經過多年紅點才逐漸消失，還好沒有留下疤痕。選修了養蜂學，才知道自己具有研究養蜂的特殊體質，不怕蜂螫，所以後來才能進入養蜂學的研究領域。

## 4.1.1 蜜蜂螫人最痛的部位

　　蜜蜂螫人後，甚麼部位最痛？2014年4月份Yahoo奇摩新聞轉載美國「每日郵報」報導：美國康奈爾大學生史密斯（M.Smith）親自試驗，選擇身體25個部位，每天讓西方蜜蜂在不同部位螫刺5次。為了記錄痛感，把螫針留在皮膚1分鐘，歷經38天實驗。史密斯以10分為滿分標示痛感，發現鼻孔及上唇分別達9及8.7分，奪得疼痛排行榜冠軍。陰莖、睪丸分居第三、四，最不痛則是頭顱、腳趾中指尖和手臂。這項螫刺痛感試驗的前提，是史密斯可以忍受蜂螫的痛，而且身體沒有過敏反應。

## 4.1.2 蜜蜂螫人的往事

　　國立臺灣大學昆蟲研究所一位盧姓學生，研究蜂類不怕蜂螫。但是，即將畢業前幾週，在實習養蜂場檢查蜜蜂時被蜂螫，經過10~20分鐘後，手臂起紅腫發癢，並迅速蔓延至胸部，而且臉部脹紅。幸好立即送醫急救，保住一命，畢業後改行。另有一位王姓學長，在加拿大取得蜜蜂學博士學位。也是在畢業之前，被蜜蜂螫一針，立刻頸部腫脹，呼吸困難快要休克，送醫急救後才得活命，畢業後也遠離蜜蜂。

　　台大昆蟲學系有位教授對蜜蜂管理很有興趣，在實際操作的實習課時，常來觀摩，但是由於很怕蜜蜂，每次都與蜂群保持適當距離。記得某次，在實習養蜂場附近，看到地上有一隻半死蜜蜂，好奇地捏起觀察時，竟被蜂螫，真是太意外了。另一次，又被蜜蜂螫傷，次日臉腫半邊像個大麵包，一邊眼睛張不開，要用手指撐著，才能看見影像。

　　1987年郭木傳教授報告中提到，自家小女兒被一隻蜜蜂螫到手腕處，約半小時後全身紅腫、呼吸困難、並且兩眼含水微凸，送醫急救約5小時才恢復正常。歷年來，他的學生被虎頭蜂螫的幾百個案例中，只有4位學生有輕微過敏反應。甚至有位學生被螫一針，患部紅腫好幾天。但是也有位學生被螫30多針，並無大礙。郭教授對於前述的盧姓學生及王姓學長，都只被螫一針就產生嚴重過敏反應，頗為不解。郭教授認為，經常與蜂類接觸的人，被蜂螫愈多免疫力愈強，才是正常現象，所以「蜂螫次數愈多，過敏反應逐漸減少」這個觀點，尚待相關專家進一步研究證實。

## 4.1.3 再體驗蜂螫的痛

　　早年因為研究蜜蜂病蟲害，必須經常與蜜蜂為伍，對於被蜜蜂螫傷的痛，已經習以為常。蜂螫後皮膚上腫起一個小包，1~2小時就忘了蜂螫的疼痛。但是，在2000年被虎頭蜂螫傷後，感覺自己的身體，對於蜂毒的過敏反應，較年輕時嚴重。顯示了身體的健康狀況，大不如前。

2004年8月的一個下午，到苗栗縣拜訪「中華民國蜂針研究會」的魏顧問。突發奇想，自告奮勇當一次「白老鼠」，再體驗蜂螫後過敏反應。一方面趁機檢驗身體的健康狀況，另一方面想拍攝蜜蜂螫人後，螫針留在皮膚上的系列照片。大約下午三點左右，請魏顧問用「蜂針療法」，螫刺手部穴道，再請魏顧問的學生幫忙拍照。「蜂針療法」是用鑷子夾住活蜜蜂螫針基部，把螫針及毒囊一起從蜜蜂身體取下，放到皮膚上螫刺。第一針閃刺右手的合谷、列缺及曲池三穴，淺淺刺入停留2~3秒鐘，讓蜂毒進入皮膚內。第二針只螫刺左手的曲池穴，很清楚的看著螫針慢慢滑入皮膚，接著看到毒囊還一波一波收縮，把毒液全部灌入穴道內。

　　蜂螫後不到十分鐘，頭皮發癢約二十分鐘，左手肘下方內側長出一個橢圓形小包，約有一公分長，像被蚊子叮咬的腫脹。接著右腿小腿上方內側，長出相同的小包，很癢，頭頂的頭皮上也冒一個小包，魏顧問說這些都是標準的過敏現象。蜜蜂螫刺後約半小時，發現在手部的螫刺點上，還有液體分泌出，並有像水光的亮點。由於過敏反應較為明顯，魏顧問懷疑是否飢餓的緣故，但是當時感覺不餓。診所的另一位醫師問我「最近有沒有參加喪禮？」真是太神奇的問題，前一天早上正巧參加朋友母親的喪禮。接著又問「昨天穿的衣服有沒有更換？」是的，褲子沒有更換。魏顧問以「蜂針療法」的經驗解說，通常人體處於飢餓、虛弱狀態，或是參加過喪禮心情低落，容易引起身體過敏。心理影響生理，生理變化影響過敏反應的嚴重性，簡直太玄了，或許也是值得探討的另類問題。

　　魏顧問當時要送作者到大型醫院急救，但是據個人經驗，還沒有到掛急診的地步。決定從苗栗開車回家，到家已經晚上八點左右，三個過敏的小包都已消失，覺得蜂螫反應並不嚴重。不料到了晚上十點左右，真正的過敏反應才開始發作。手臂及手掌一直不停腫脹，並且腫脹部分的皮膚發熱。打電話給魏顧問求救，她說以毛巾放到冰櫃冷凍後，再放置傷處冰敷有效。但是，好像過了急救的黃金時段，不停的喝冰水，也沒用。到晚上十一點準備上床，還不停腫脹。已經太累，先睡覺再說，夜間起來喝了三次冰水。

　　次日早上起床，左手臂已經脹得像米其林輪胎，手指也腫得不能動，一動就會牽動其他部分。前一晚開始腫脹時，皮膚熱熱癢癢，

但是不敢抓，很難受，深感「如何止癢」，是蜂螫後最需要克服的問題。雖然已經與蜜蜂共舞了三十餘年，但已經退休，最近幾年與蜜蜂接觸機會較少。沒想到這次只被蜜蜂螫兩針，就腫得好像比初次蜂螫還嚴重，為甚麼？真是很納悶。

魏顧問建議使用幾種藥膏塗抹患部，都無效，皮膚照癢不誤。身體上沒有其他問題，淋巴腺也沒腫脹。下午兩點左右，手臂上的腫脹逐漸消退，再過兩個鐘頭，腫脹明顯改善。晚上，手臂已差不多恢復正常，身體其他部位也無異狀。只是覺得口渴，一直不停得想喝水。蜂螫第三天起床後，仍有部分腫脹，但是已不發癢，也不影響任何活動，不需冰敷治療，只要少曬太陽、多喝水，不久就完全康復了。雖然感覺體質比年輕時差了些，但是仍然挺得住，尚稱滿意。但被蜜蜂螫了兩針，竟然沒有留下滿意的照片，是最大的遺憾。

### 4.1.4 老友體驗虎頭蜂螫的痛

本書完成後，煩請老友行政院農委會林業試驗所所長金恒鑣博士撰寫導讀，才得知金博士與虎頭蜂也有一段特殊淵源。2010年10月16日金博士到蘭嶼前往達悟部落文化基金會訪友，在乘坐摩托車欣賞大海藍天之際，突然被虎頭蜂螫了一針。左頸衣領附近起了一陣劇痛，像有尖刀刺入，還帶著熾熱的刺痛。揮手拍打後，過一會兒左臂又是一陣刺痛，真正體驗了虎頭蜂螫的痛。

雖然進入黃腰虎頭蜂的活動範圍，但要碰到虎頭蜂並不容易，尤其像這樣突如其來被「蜂針相對」，真是比中「大樂透」還難。虎頭蜂螫第一針，正要飛離時，被快速打回，又螫第二針。從照片看到，第一針傷口腫脹較大。上方1公分處留下的半透明膠狀物，是虎頭蜂被打後，擠出胃中的食物。下方螫的第二針，腫脹較小，位置也略低（圖4.1-1）。虎頭蜂被打後，又摔回衣袖中，等昏厥甦醒，連螫帶咬留下兩個紅點，下方腫脹的紅點是蜂螫傷口，上方的小小紅點是咬傷痕跡。（圖4.1-2）

在野外，通常虎頭蜂螫一針後，會立即飛離以求自保。像這個案例，一隻虎頭蜂螫人三針，還真是很特殊。螫人兇手虎頭蜂，在連螫三針才被就地正法，也算值得了。虎頭蜂在螫人後，放出的毒液量會

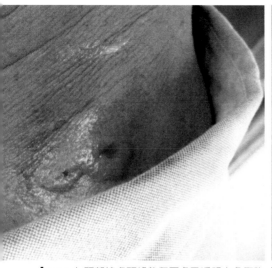

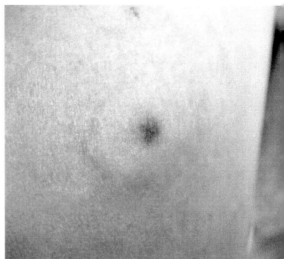

▌4.1-1 左頸部被虎頭蜂螫傷兩處及透明白色膠物（金恆鑣攝）

▌4.1-2 左手臂被虎頭蜂螫傷及上方被咬傷的痕跡（金恆鑣攝）

依次遞減，所以手臂上的疼痛比脖子的傷口輕微。很佩服金博士即使被虎頭蜂螫，仍不失學者本色，拍照存證，留下非常珍貴的紀錄。

## 4.1.5 蜂螫與人們的體質

　　一般人都認為，養蜂人常被蜂螫傷，久而久之就能免疫。1986年J.O.Schmidt報告，養蜂人對於蜂毒過敏是很特殊的一群，研究369個養蜂人的家庭，8.9%會引起全身反應，大多數人只引起少許反應。另外一組研究，250人中有42%引起過敏反應。養蜂人每年被螫的總次數，與過敏反應成負相關。每年被螫的次數大於200次，就沒有過敏反應；少於25次，則有45%過敏反應；養蜂人如果具過敏體質，對於蜂毒的過敏反應也較高。

　　遭到蜂螫後，每個人的反應不一，大多數只是局部反應，少數會呈現全身性過敏反應。對過敏嚴重的人，被蜜蜂螫一針就可能致命。1995年M.L.Winston記述，有人被蜜蜂螫了2,243針，仍然還活命呢！實際上，根據虎頭蜂螫人致死的個案統計，大多數不是當場或當天致死。通常被螫數目較多的人，送醫後可能第2~4天死亡，危險期長達14天，要特別注意。

有二十多年蜂療經驗的魏顧問，對於蜂螫與人們體質的關係，有特殊經驗及獨到心得。認為蜜蜂螫刺後，人體對蜂毒的過敏反應，與每個人以往的病歷及被蜂螫時身體的健康狀況有關。如果消化系統曾經有病變者，蜂螫後容易上吐下瀉，全身無力。如果肝臟代謝機能有障礙者，蜂螫後容易發生全身發癢，嚴重時會全身產生蕁麻疹。如果循環系統曾經有病變者，蜂螫後可能容易發生冒冷汗、心跳加速、或休克等現象。如果呼吸系統曾經有病變者，蜂螫後容易發生打噴嚏、流鼻水或氣喘，是屬於蜂螫過敏最危險的一群，要特別提高警覺。

　　由於蜂螫後，人體是靠肝臟解毒。如果被螫當時的身體特別疲倦，蜂螫後的過敏反應就會較為強烈。此外，身體接受到蜂毒量的多寡，也影響蜂螫後的過敏反應。根據中華民國蜂針研究會的建議，如果一、兩隻蜜蜂螫傷，使用毒蛋白解除器（Body Lance；Body Guard），可快速消除蜜蜂螫傷後的過敏反應，值得參考。

# 4.2 遇到虎頭蜂怎麼辦？

居家附近或是工作場所周遭，發現有蜂類出沒，就表示氣溫適宜、環境中有蜂類築巢的材料，而且鄰近地區還有蜂類需求的食物及水源。此時不必驚恐，就把蜂類視同蝴蝶、蜻蜓吧！有幸生活在良好的環境中，增添空中飛舞的新夥伴，不也很好？如果發現蜂巢更要感到高興，因為蜂類會選擇良好舒適的環境築巢，要雀屏中選還真不容易，表示附近的「風水」相當好。

但對於移來築巢的新鄰居仍要有所警惕，雖然一般動物在正常情形下，不會主動攻擊人們。在什麼狀況之下，動物會把特定的目標當成敵害攻擊呢？就是察覺可能被騷擾或被搶奪「食與色」，才會主動攻擊，將入侵者視為「敵害」，是動物的天性，人類亦然。

動物通常有領域性，為了保護佔有的棲息地、食物、配偶、子女及群體，只要私領域被「敵害」入侵，就會採取防禦措施。動物的防禦領域有大小差異，自衛防禦行為也各有不同，例如警告、威嚇、嘶吼、鳴叫、躲避、氣味標示及攻擊等，攻擊是最強烈的一種防禦行為。尤其生存在惡劣環境下的物種，為了適應環境，演化出特別的生活方式，防禦性也特別強。例如非洲的西非蜂（*Apis mellifera scutellata*），原棲息地氣候炎熱、乾熱時期很長、沒有寒季，且蜜源植物缺乏。為了取得及保護食物，不但攻擊性強，採蜜量也很高，才能使族群繁衍。1956年養蜂學者將採蜜量很高的西非蜂，引進巴西馴化，稱為巴西化蜜蜂（Brazilian bee）或稱非洲化蜜蜂（Africanized bee）。巴西化蜜蜂有採蜜量高的特性，也保有強烈的攻擊性。當蜂群被騷擾振動後，就會迅速出動數百隻蜜蜂攻擊，人們只要接近養蜂場400公尺的範圍，往往螫人致死。比虎頭蜂還要兇猛，所以又稱為殺人蜂（Killer bee）。

## 4.2.1 簡易辨識虎頭蜂的行為

人們在山野地區遇到虎頭蜂，如果能夠簡易辨識虎頭蜂的行為，有助於防範被虎頭蜂螫傷。常見到的虎頭蜂按照任務區別，可分為採

集蜂、守衛蜂、巡邏蜂及攻擊蜂。根據與虎頭蜂相處的經驗，分別歸納其行為記述如下。

## 1.採集蜂

較老的虎頭蜂約有一半擔任外出採集工作，通常在花園、果園、垃圾場或養蜂場附近出現，多半不會主動螫人，甚至還會刻意避開人們。大多數胡蜂覓食距離不超過160公尺，約90%覓食距離在50~400公尺之間。

採集蜂採收足夠的食物後，會直線飛回蜂巢。如果在飛行途中，遇到疑似敵害，將立即變成攻擊蜂。例如摩托車騎士在山野中道路奔馳時，突然被蜂螫傷，就是最明顯的例子。

## 2.守衛蜂

另一半較老的虎頭蜂擔任守衛工作，在蜂巢內的出入口，觀察附近的環境是否有敵害入侵。也會用觸角檢查回巢的採集蜂，是否自家夥伴？一般人不容易看到牠們的行蹤。

## 3.巡邏蜂

蜂巢只要受到輕微的騷擾振動，守衛蜂會立即飛出巡邏，巡查蜂巢表面及附近樹枝上的敵害，也會飛出一段距離尋找敵害。巡邏工作時間長短及飛出的距離遠近，與虎頭蜂的種類及受到騷擾振動的強弱有很大差異。巡邏蜂常會飛到可疑「敵害」附近，偵查是否有攻擊的企圖。危機過後，巡邏蜂會自動撤退，蜂群恢復平靜。所以，人們一旦發現蜂類在身體或頭部附近盤旋不去，極可能是遇到巡邏蜂，就要提高警覺。

## 4.攻擊蜂

當蜂群中飛出攻擊蜂，表示有兩種狀況。一種狀況：巡邏蜂受到敵害攻擊時，立即轉變為攻擊蜂，直接發動攻擊螫刺敵害。如果在虎頭蜂防禦範圍內，攻擊蜂將越來越多。另一種狀況：蜂巢受到嚴重振動或是破壞時，蜂巢會大量飛出攻擊蜂，針對敵害直接螫刺，隨著螫

針的毒液同時釋放費洛蒙，召集攻擊蜂加入攻擊行列。通常6~8日齡的年輕工蜂不參與攻擊，但是蜂群受到嚴重騷擾時，也會投入攻擊任務，直到將敵害驅離牠們的防禦範圍為止。

## 4.2.2 遇到虎頭蜂怎麼辦？

任何蜂類，只要不碰觸牠們的蜂巢，就不容會群起而攻。所以不要誤觸或戳蜂巢，就是預防蜂螫最有效的方法。到了秋季，蜂群增大蜂數加多，虎頭蜂外出採集食物及採集築巢材料，飛進飛出頻繁，即使人們不去招惹牠們，難免與人們會狹路相逢。萬一不幸誤判形勢，被虎頭蜂誤認為是入侵領域的「敵害」，螫人的機會自然就高。因此人們遇上虎頭蜂時，首先不要驚慌，只要依據當時的情況，及時採取因應措施，即可降低被蜂螫的危機。

### 1.虎頭蜂飛近身邊

預防措施：不動聲色冷靜觀察。

人們在山野地區活動時，常會見到採集蜂飛過，或突然發現有一、兩隻「飛近身邊」，該怎麼辦？這些虎頭蜂可能是採集蜂，通常採集蜂飛來飛去只為尋找食物。有時候會被人們的香水味或特殊體香吸引，誤以為是花朵，飛近身邊緩緩繞一兩圈，發覺沒有食物就會自動離去。所以此時只要不動聲色冷靜觀察，虎頭蜂就不會發動攻擊。

### 2.虎頭蜂繞著頭部盤旋

預防措施：屏息鎮靜，不作快速反應動作。

碰到一、兩隻虎頭蜂「圍繞著頭部打轉或盤旋不去」，要特別小心，因為這些虎頭蜂已經是巡邏蜂。這時候人們要視若無睹保持鎮靜、屏住呼吸站著不動，不驚擾牠們，才可能躲過攻擊。牠們以旋繞方式偵查，發覺沒有敵意，過一會兒就會自動飛離。但是，若在虎頭蜂近身之際，人們本能反應突然尖叫、急速搖頭躲避或用手及衣物拍打等，都會讓虎頭蜂認為「敵害」來襲，立即搖身一變成為攻擊蜂。尤其隨風飄動的頭髮、急速眨動的眼睛、害怕驚叫的嘴、緊張喘氣的鼻子以及拍打虎頭蜂的手，都會惹惱牠們，快速的螫刺下去。

虎頭蜂對於黑色、表面粗糙或隨風飄動的頭髮，會特別注意，而且認為可能是「敵害」，所以常會圍繞著頭部打轉或盤旋不去。如果短時間內虎頭蜂的數目沒有增加，情況較為安全。即使幸運躲過攻擊，還是要盡速冷靜離開現場，以減少受害。

## 3.虎頭蜂聚集越來越多，在身邊打轉

預防措施：朝虎頭蜂飛來的相反方向或上風處，沉穩得大步走開。

先有一、兩隻虎頭蜂「圍繞著頭部打轉或盤旋不去」，如果經過一段時間後，附近飛來飛去的虎頭蜂數目持續增加。可能虎頭蜂巢就在附近，也很可能牠們的蜂巢剛被騷擾振動，已經在警戒狀態，要迅速離開現場。在虎頭蜂還沒螫人及發動全面攻擊之前，務必朝虎頭蜂飛來的相反方向或上風處，沉穩得大步走開，離開現場。若穿著淺色、光滑表面的夾克，則可以緩緩脫下，包住頭部露出眼睛屏息大步逃跑，較為安全。

這種情況切忌急速奔跑，因為人跑閃動得越快，所帶動的氣流及造成的影像，將使目標更明顯，導致被蜂螫的機率加大，追擊的距離更遠。同理，用衣物揮動或拍打，也會引來更多的虎頭蜂攻擊。此外，如果以深色、表面粗糙的毛衣及皮衣包住頭部，加上迅速跑動，也會吸引更多虎頭蜂追擊。

## 4.虎頭蜂已經螫人，並發動全面攻擊

預防措施：臨機應變，盡速逃離現場。

虎頭蜂已經螫人，或已經發動全面攻擊，此時唯一的選擇就是盡速「逃離」現場，絕不能多停留一分鐘。這種情況，千萬不要用夾克包住頭部就地臥倒，這是嚴重錯誤的認知。虎頭蜂螫人後，發出更強烈的警報費洛蒙，召來更多的同伴加入攻擊行列。但是逃離現場固然重要，自身安全更不可忽略。務必保持冷靜，不要在驚恐中手忙腳亂，必須看清楚逃跑的方向，以免摔傷或跌落溪谷。如果現場人數眾多，最好分頭跑開，以便疏散虎頭蜂的攻擊力。

黑腹虎頭蜂棲息在山野地區，在高大樹枝上築巢，是虎頭蜂之中最兇猛的族群，牠們的防禦範圍有50~100公尺。蜂巢受到強烈騷擾振動後，只要有「敵害」進入牠們的防禦範圍，就會被攻擊。保持警戒

的時間約有半天，甚至可能長達一天。每年秋末蜂群增多，蜂巢的出入口會加大也加多，短時間內可出動大量的攻擊蜂，追擊的距離也更遠。如果警覺到周遭虎頭蜂出現得不尋常，就要及早離開虎頭蜂的防禦範圍，以免被蜂螫。在山野地區遇到了虎頭蜂類，加上荒郊野外送醫急救不便，危險性將隨之增加。

虎頭蜂即將攻擊之前，可能發生的狀況變化很大。因為其攻擊行為與「敵害」間的反應，是互動，而且瞬息萬變的。所以遇到虎頭蜂攻擊，是沒有「百分之百有效」的預防方法。但若按建議的原則臨機應變，則可以減少傷亡。

### 4.2.3 虎頭蜂如何攻擊

虎頭蜂類攻擊的主要方式有兩種：一種是近擊，當虎頭蜂攻擊時用足抓住敵害，同時用大顎緊咬，加上腹部末端的螫針狠刺。另一種是遠射，虎頭蜂在距離敵害一尺左右時，會勾起腹部螫針，朝向眨動的眼睛或飄動的目標射出毒液，捕蜂人說是「蜂尿」。這種虎頭蜂射出的「蜂尿」，推測是毒液，不過沒有研究證實。虎頭蜂多半是蜂群在盛怒的狀態下，才會遠射「蜂尿」，眼睛一旦被蜂尿射入後，熱辣刺痛等同於被虎頭蜂螫的感覺。蜂群圍攻「敵害」時，會混雜使用各種攻擊方式，一波又一波連續進攻，直到把敵害驅離防禦範圍，才肯罷休。

### 4.2.4 秋季防範蜂螫事件

秋季虎頭蜂螫人事故，與蜂群大小及蜂隻數目有密切關係。由於虎頭蜂群體大小及蜂隻數目，每年一個循環週期，秋季正是蜂群中孕育新蜂王及雄蜂的季節。為了繁殖成功，虎頭蜂群需要更為強烈的防禦及攻擊行為，才能順利繁殖後代。因此秋季是虎頭蜂數目達到最多的時節，加上秋季人們喜好登山、郊遊到山野中活動，虎頭蜂與人們意外接觸的機會自然增加。所以秋季是虎頭蜂螫人事件較頻繁的季節。

## 4.2.5 山野地區工作人員的注意事項

　　各種蜂類的習性及分布都不相同，經常在山野地區活動的人員，例如農林業的工作者、上山採菇、採藥、採野果、採森林副產品者及地政測量人員等，需要多認識蜂類，並瞭解不同蜂類的習性。在中低海拔地區，常會遇到築巢在草叢中、枝葉間或樹枝上的黃馬蜂、棕馬蜂、日本馬蜂（圖4.2-1）、鈴腹胡蜂或變側異腹胡蜂等小群胡蜂類。一旦不小心驚擾蜂巢，或是觸及築巢的樹枝、樹幹，就會被攻擊。這些蜂類的蜂數不多，通常整巢蜂不過幾十隻或近百隻，如果被蜂螫，也只有少數，不至於太嚴重。據郭木傳教授經驗，遇上這些蜂類時，迅速保護裸露部位並蹲下不動，待蜂群回巢平靜後，再緩慢移開。只要不揮打，離開3~5公尺就可躲過。其中，變側異腹胡蜂（圖4.2-2）攻擊速度非常快，又名「閃電蜂」，在山野地區螫人最多，被螫傷者70~80%是牠們的傑作，要特別小心。

　　在都會地區或中低海拔地區工作的人員，常會遇到黃腰虎頭蜂。只要不騷擾或振動蜂巢，被螫的機會很少。棲息在山林中，在地下築巢的中華大虎頭蜂是第二兇猛的虎頭蜂。築造蜂巢通常避開人們的活動區域，隱藏於荒野草叢中。山野地區工作的人員，無意間侵入牠們的蜂巢附近，騷擾了蜂巢，容易遭到蜂螫，甚至被螫傷或致死。如果不幸遇到，一定要盡速「逃離」現場，絕不要多停留一分鐘。

## 4.2.6 秋季登山郊遊的注意事項

　　預防勝於治療，秋季登山郊遊時注意下列事項，可減少被虎頭蜂攻擊的機會。

### 1.秋季登山郊遊之前

　　建議先向目的地消防單位查詢，當地是否經常發生虎頭蜂螫人事件，盡量避開歷年發生虎頭蜂螫人較多的地區。

▌4.2-1 日本馬蜂（李國明攝）

▌4.2-2 變側翼腹胡蜂攻擊速度很快，又稱閃電蜂（李國明攝）

## 2.準備「蜂螫急救包」

前往敏感地區登山郊遊，宜準備「蜂螫急救包」，包內放置含類固醇軟膏、抗組織胺劑、強心劑、腎上腺素劑等，以備不時之需。

## 3.登山的穿著

穿戴表面光滑、淺色的長袖衣褲及帽子，並穿著運動鞋。避免使用有香氣的化妝品，以免招來蜂類。深色、表面粗糙的毛織品及皮革衣物，是蜂類比較喜好的攻擊目標，宜避免穿戴。

## 4.進入登山路線後

隊伍之間用手機聯繫，前面的山路上如果已經有人被攻擊，最好繞道或避開，不要硬闖，減少受害機會。

## 5.山野地區活動時

發覺短時間內遇到多隻蜂類在附近出現，宜提高警覺，但不要揮打，盡快離開危險地區。更要避免進入草叢較深的荒僻路徑及久無人跡的小徑，以防誤觸中華大虎頭蜂巢，減少被中華大虎頭蜂螫刺傷亡的機率。

## 6.認識蜂類築巢區

山野地區的垃圾場、花圃區、野餐區、露營區、果園區及養蜂場附近，常會有豐富的蜂類食物，蜂類喜好築巢。在這些地區，活動時宜提高警覺。

## 7.山野地區活動或烤肉時

不要任意丟棄食物，以免招引蜂類飛來採食。殘餘食物及果皮用垃圾袋包紮好，丟入指定的垃圾桶內，不會汙染環境又兼顧自身安全。

## 8.無意中接近虎頭蜂巢附近

在山野地區活動時，發現附近有多隻虎頭蜂在空中穿梭，可能無意中侵入牠們的防禦範圍，容易引起蜂類群起而攻，宜盡速離開。同一種虎頭蜂，隨著蜂隻數目的多少、天候的變化，攻擊能力的強弱也會有差異，宜特別注意提高警覺。

## 9.螫傷後

若不幸被虎頭蜂螫傷，宜儘速送到醫院救治。

# 4.3 蜂螫的處理

蜂螫處理屬於專業的醫學領域，醫師朋友特別提醒，蜂螫後每個人的反應及症狀都不相同。中西醫也有不同的治療基礎，僅將蒐集的資料僅供參考。由於人命關天，一旦蜂螫事件發生，最好是先作緊急處理，再盡速送醫院急救。

## 4.3.1 送醫前的緊急處理

中華大虎頭蜂在螫人之後，和蜜蜂一樣，會把螫針留在皮膚上，因此宜盡快用尖頭鑷子拔除螫針。如果沒有鑷子，可用髮夾、名片或長指甲等，從螫針與皮膚形成的銳角方向剔除，否則螫針將繼續收縮送出毒液。送進皮膚的毒液越多，危險性就越大。尤其不可用手指頭捏除螫針，因為用手指捏除，容易把毒液全部擠進皮膚。除去螫針後，傷處用肥皂水或消毒水澈底洗乾淨，盡可能冰敷傷處，可以減少痛苦，避免熱敷。其他種類的虎頭蜂及蜂類，雖然螫人後不留螫針，但被螫傷後也宜做消毒及冰敷處理。如果以抗組織胺或類固醇藥膏塗抹螫傷部位，可幫助減輕痛苦。若四肢被螫傷，要將傷者肢體抬高休息，因為肢體下垂，將會加重腫脹及不舒適感。

### 1.民間療法急救

野外求生專家馬賽先生1982年編著《野外安全》一書，建議可用傳統草藥，如蘆薈、黃金桂、半邊蓮及姑婆芋等救治。特別是在交通不便的偏遠山區，不幸遭到蜂螫，送醫不易求救無門時，可考慮採用。至於有多少療效，因未經醫學證實，僅供參考。尤其體質過敏的人，更要審慎。

（1）蘆薈

1974年1月美國養蜂月刊報導，蘆薈俗稱龍角（Aloe Vera：burn plant；bee-sting plant）。百合科草本灌木。葉長形肥大，葉緣有針刺。折斷葉片，以汁液塗敷傷口，可治療蜜蜂螫傷。

（2）黃金桂

山野中小灌木，枝上有刺，葉互生短柄。野外求生專家林康雄被
虎頭蜂螫傷，曾用黃金桂葉片擦敷腫脹部位後痊癒。

（3）半邊蓮

俗稱急解索，臺語稱粘力仔。山野潮濕地自生小草，高約4~5
寸，葉互生，淡紫色小花，五瓣偏向一方，如一花之半。折斷莖
部後，有一點白漿。採全草拌食鹽搗爛，貼敷傷口，治虎頭蜂螫
傷有奇效。馬賽先生曾被虎頭蜂螫傷後，以此法急救治好。

（4）姑婆芋

又稱紫背草或紅乳草，搗爛後敷在紅腫部位，可消腫毒。姑婆芋
全株有毒，汁液會使皮膚發癢、眼睛失明。誤食莖或葉，引起舌
喉發癢，腹瀉、出汗、嚴重者窒息、心臟麻痺而死，使用時要特
別小心。

（5）尿塗法

是民間普遍流傳的方法，在找不到任何植物時，可灑尿在土中，攪
拌成泥，貼敷傷口。但是臺中大里仁愛醫院急診主治莊浩淩醫師
提醒，民間流傳被螫傷之後，用尿液消腫、中和蜂毒，是錯誤的觀
念。因為蜂毒進入皮下，尿液無法滲透，而且可能增加感染機會。

（6）氨水

氨水的化學性質呈弱鹼性，可中和蜂毒中的酸性。取氨水稀釋後
塗抹患部，可減輕痛苦，也是民間普遍流傳的方法。

除了上述民間療法之外，捕蜂人曾由南先生常年使用「蜈蚣
油」，有止痛、消腫及解毒效果。另外，郭木傳及葉文和教授團隊的
成員，蜂螫後使用「膚潤康」軟膏，可以止痛及止癢。膚潤康是一種
外用副腎皮質荷爾蒙成分的藥膏，外出工作時攜帶方便。

## 2.蜂螫急救用品

2004年7月媒體報導。…長庚醫院臨床毒物科主任林杰樑醫師指
出，…國外有學者建議，登山民眾隨身攜帶腎上腺素，或是抗過敏藥
劑、強心劑及類固醇等藥品，以備急救。…也有些國家建議，在虎頭
蜂經常肇事的地區，設置小急救站，準備急救用品及藥品，提供遊客
急救使用。

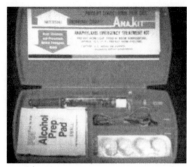

▌4.3-1 Anakit

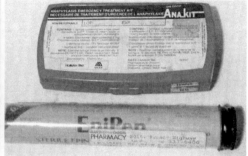

▌4.3-2 EpiPen

　　2004年8月1日。仁愛醫院急診部主任王國新醫師…兒子在花圃遊戲，跌倒後兒子被蜜蜂螫了十幾針。…為了預防蜂螫造成過敏性休克，從此以後，家裡預備氨水、阿托平、強心劑和抗組織胺劑。常用的刮除蜂刺的刀片、優碘藥水和雙氧水，一般家庭也可準備以防萬一。但是有些特殊體質者，仍應儘速送醫急救。（引自聯合報）

　　2010年長庚醫院葉國偉醫師建議，登山者準備EpiPen以備不時之需。也有醫師建議，隨身攜帶Anakit（圖4.3-1）或EpiPen（圖4.3-2）。但是作者到各大藥局詢問後，買不到這兩種藥物。它們屬於醫師處方藥劑，是隨身攜帶的筆型注射器，內含有腎上腺素。使用注射器作人體注射，必須有合法執照，才可以執行。

## 4.3.2 中醫的急救

### 1.放血拔罐

　　1992年10月25日。吳醫師與十餘位針灸醫師，在靜宜大學進行「針灸義診」，回饋地方社區。…中午時分，一位女學生在餐廳附近，突遭7~8隻虎頭蜂攻擊。義診現場總負責的鍾永祥醫師，指揮急救。經常態消毒後，進行放血拔罐急救。位置，採用針灸的「阿是穴」，避開看到血管部位。直接在紅腫熱痛的發炎部位，捏起皮膚，用放血針刺入皮膚約2~3公分深，然後用真空拔罐器拔罐。顏面部位為免造成疤痕，不宜太久，每處拔罐3~5分鐘。…由於螫傷範圍甚廣，由三位中醫師同時動手，另加助手，約半小時完成。原先滿臉紅斑現象，半小時後全部消退。（引自吳車.acupuncture.net.tw）

## 2.針灸急救

　　2002年6月16日。吳子平中醫師參加臺中市長青登山協會主辦的「仙山縱走神桌山」踏青活動，一行15人。…一位中年賴太太，休息時遭一隻毒蜂螫傷。患部在左手中指末節外側，紅腫延伸到掌背，中指及無名指腫脹、僵直及熱痛。

　　用針刺以消炎、止痛及刺激，增強局部代謝機能。穴點選用三、四指間的「上八邪」，採用「飛經走氣」手法，一針貫穿兩條路線，先是無名指，繼而針刺中指外側。針感所至，當下即可紓緩。又請她輕輕彎曲指間，採用動氣療法，以增強療效。…留針約十分鐘，起針後消除紅腫、熱脹及癢痛的感覺。針灸治療，不僅可解毒，而且可強化身體局部的機能。可以掌握的是，身體氣血流通及能量代謝增強。因而，消極是消炎止痛，積極則是修補及復健損傷部位。（引自吳子平，acupuncture.net.tw）


# 4.3.3 蜂螫後送醫院處理

## 1.蜂螫的症狀

　　2001年鄧昭芳及楊振昌醫師研究，蜂螫後可能的症狀分為局部性症狀，及全身性毒性症狀等，摘記如下。

（1）局部性症狀

　　局部性症狀，患部皮膚紅腫（圖4.3-3）、多處紅腫反應（圖4.3-4）、劇痛、發熱、瘀血等。與免疫功能無關，任何人都會發生，症狀常持續數小時或更久。患部腫脹範圍可能擴大，甚至蔓延到整個肢體。蜂螫到神經，可能導致神經麻痺。蜂螫刺到喉頭或口腔，可能造成呼吸道不適、呼吸困難。蜂螫刺到眼睛，可能造成暫時性視力障礙、角膜損傷、結膜水腫，曾經有造成視神經炎及視網膜神經節退化的案例。

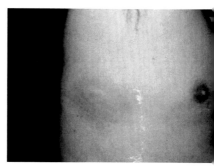

▍4.3-3 虎頭蜂螫患部皮膚紅腫

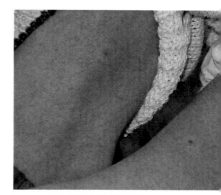

▍4.3-4 蜜蜂螫到大腿多處紅腫

（2）全身性毒性症狀

多隻蜂螫會引起全身性毒性反應，症狀有頭痛、頭暈、嘔吐、發熱、躁動不安、肌肉痙攣、血壓升高、溶血、肺水腫、呼吸窘迫症候群及腎衰竭等。會在蜂螫後數小時發生，也可能3~4天後產生。

（3）局部或全身性過敏症狀

一般20隻以上的蜂螫，容易引起全身性反應。多少隻蜂螫才會產生全身性反應，與個人體質有關。產生局部症狀者，僅有5~10%會併發全身性的過敏反應。患有心臟疾病者，容易產生嚴重過敏致死。嚴重過敏反應的患者，一小時內接受治療，存活率87%。若未經及時治療，會因呼吸衰竭死亡。蜂螫也可能引起延遲性過敏反應，類似血清症。症狀有發燒、淋巴腫大、全身無力、頭痛、皮膚疹及關節痛等。一般在蜂螫後10~14天產生，可能單獨出現，或經過較輕的急性過敏反應後再產生。

## 2.蜂螫的治療

1980年R.Edwards記述，虎頭蜂的體表及腸道會攜帶細菌，有沙門氏菌、大腸桿菌、傷寒菌及副傷寒菌，會引起人類食物中毒。因此帶有細菌的虎頭蜂螫人後，會把細菌傳給人類。蜂螫治癒後，常會在皮膚上留下疤痕（圖4.3-5）。山根爽一博士告知，黑腹虎頭蜂的蜂毒成分特別，螫人後留下的疤痕，經過十多年才能復原，要特別注意。本節屬於醫學專業處理，摘記部分僅供參考。實際的治療過程，以專業醫師的處理為準則。

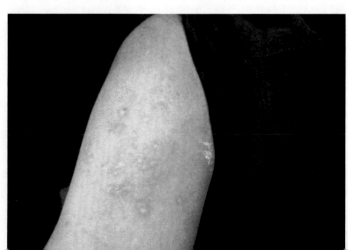

▍4.3-5 虎頭蜂螫傷留下的疤痕

（1）局部症狀

使用冰敷、止痛藥物、抗組織胺及消腫藥物等。每30分鐘冰敷15分鐘，可減輕疼痛並減少腫脹。局部症狀，幾小時後會緩解或消失。但也可能只是過敏反應的早期症狀，不可疏忽。

（2）過敏性休克

全身性的過敏反應，必須積極的給予腎上腺水溶液（epinephrine）1:1,000的治療。一般劑量每15分鐘0.01ml/kg皮下或肌肉注射（最多0.4ml）。假如發生過敏性休克，腎上腺素必須稀釋1:10,000然後靜脈給予。（引自洪東榮，2002）

（3）其他

另有全身性毒性症狀的治療；因蜂螫產生過敏性周邊神經炎的治療；給予破傷風類毒素及抗生素的治療；蜂螫過敏及過敏原反應的成年患者治療；因乙型交感神經阻斷劑與腎上腺素並用，可能引起症狀的治療等。詳述內容屬醫學專業，請參閱臺北榮總，2001年鄧昭芳及楊振昌的「蜂類螫傷之處理」專文。

## 4.3.4 蜂螫治療的臨床病例

蜂螫治療是專業醫師們的範疇，蒐集到的相關資訊較少，特別列出提供參考。1982年三軍總醫院范成得醫師等，發表「胡蜂叮螫引起急性腎衰竭-1病例報告」。1993年鄧昭芳、洪東榮，發表「蜂螫的症狀及其治療」。1994年吳培基、安奎，發表「蜂螫及其處理」。1998年尤俊文，發表「22例蜂螫住院病人的臨床表徵」。1998年楊振昌，發表「胡蜂螫傷」。1999年高偉峰等，發表「咬傷及螫傷的重症照顧」。2000年洪東榮，發表「蜂螫的症狀及治療」。2000年陳發魁，發表「毒蜂螫傷在臺灣」。2001年鄧昭芳、楊振昌，發表「蜂類螫傷之處理」等。相信各大醫院專業的醫師們，都有許多寶貴資料。如果有時間整理並發表，將對蜂螫治療領域有很大的助益。摘記四則專業醫師們發表的醫院臨床病例報告，僅供參考。

## （1）中山醫學大學附設醫院

1984年，腎臟內科，林智廣醫師。九月份某日下午，臺中市中山附設醫院急診室有2位蜂螫病患。病人日前在山上工作，遇上虎頭蜂群的攻擊，逃離現場後用一般經驗療法處理，即回家休息。次日發現有上下肢體肌肉酸痛現象，同時尿量減少、尿液顏色呈紅色及身體漸漸浮腫現象，立即到醫院就醫。

在急診室檢查，發現2人的血壓均偏低，尿液檢查有明顯的血尿、蛋白尿，而且尿潛血陽性程度遠超過血尿程度，同時尿液酸鹼值呈明顯的酸性變化，當時就判斷病人身上有肌肉傷害。抽血檢查結果發現肌酐酸（Creatinine）、鉀離子（K）、尿酸（Uric acid）、肌肉酵素（CPK）、肌球蛋白（Myoglobin）的濃度均明顯上升。動脈血液分析，表現明顯的代謝性酸中毒。急性腎衰竭的診斷，需要住院治療。

住院後，給予加強支持性療法。維持循環系統容積量的充足，使血壓回復正常，讓身體組織有足夠的血液灌注量，以免組織的缺血性壞死。腎臟超音波檢查，其大小厚度均在正常範圍內，由於病人的檢查數據及病情均達到可進行血液透析（洗腎）的條件。為了減少腎臟的持續傷害及促使急性腎傷害早日復原，與病人及其家屬商量之後，決定開始進行血液透析治療。開始時，每週透析3次，經過6次透析治療，所有檢查數據值改善一半以上。尿量明顯增加，顏色也回復到淡黃色。然後改為每週透析2次、再改為每週1次，前後一共進行透析10次才停止，並繼續採用支持性療法。出院後，門診繼續追蹤一個月，腎臟功能及其他相關檢查完全回復到正常。

在醫學會議病例討論中，大家共同的看法是：虎頭蜂叮咬引起身體過敏反應，對腎臟造成急性腎間質腎炎；血壓下降，引起腎臟血流量減少，造成腎小球過濾功能明顯下降；肌肉傷害產生橫紋肌溶解症，造成急性腎小管傷害。由於腎臟的腎小球、腎小管及腎間質組織同時受到急性傷害，而造成明顯的急性腎衰竭。

## （2）羅東醫院

1998年，尤俊文醫師。1985~1997年間研究蜂螫臨床病例。22個病例發生在5~11月，但是集中在8~10月。其中有8個被10隻蜂螫的病例，都在8~10月發生。被螫後數分鐘內是最重要時刻，要迅速送醫，以免發生休克。

被蜂螫過的病患，只要少幾隻蜂螫就有35~60%就會造成過敏性休克。過敏性休克通常在10~30分鐘內發生，蜂螫病患被送到醫院時，過敏體質的病人已經發生過敏性休克。較嚴重的局部過敏反應，需要觀察數小時。局部過敏腫脹較嚴重者，有時與蜂窩組織炎不易分辨。通常在2天內發生，或可持續數天。有4個病例類似蜂窩組織炎，住院1~2天即出院，是蜂螫的局部過敏反應。

被蜂螫數量的多寡，影響病情變化。病例中有8人被10隻以上蜂螫，有75%造成橫紋肌溶解症。其中有2個病例，因為嚴重橫紋肌溶解，肌酸催化酶高，造成急性腎功能衰竭。被多隻蜂螫的人還必須注意後續的併發症，必要住院觀察。治療上是避免造成急性腎臟衰竭，通常4~5天內才可度過危險期出院。

過敏嚴重的病人，約有20%在後續6~8小時內，再發生過敏症狀。少數人會延長到24~48小時發生，必須觀察6~8小時。蜂螫多於10處的患者，必須住院觀察後續的併發症。希望將來能有抗蜂毒血清問市，才能對蜂螫傷的病人，有更直接的幫助。（引自尤俊文，2008）

## （3）嘉義市天主教聖馬爾定醫院

2000年，陳發魁醫師研究指出，蜂螫少於10處的患者，通常是屬於較輕的局部症狀，大多數在數小時後自然消退。嚴重的局部反應，螫傷處紅腫會擴大約10公分以上，疼痛持續24小時。如果螫傷在喉部，可能因腫脹引起呼吸道阻塞。如果螫傷到神經，可能引起局部的神經麻痺。如果紅腫許久不消，可能是遭到細菌感染，引發蜂窩組織炎。蜂螫多於10處的患者，可能引起輕微的全身過敏反應，局部腫痛外，尚有全身紅腫、噁心、腹痛及水腫等症狀。也可能引起溶血、橫紋肌溶解及急性腎衰竭等併發症。

蜂螫300~500處的患者，大多在10分鐘至5小時內，引起致命的全身性過敏反應。症狀有全身紅腫、腹痛、水腫、支氣管痙攣、呼吸困難、血壓下降及休克等，併發症有血管炎、神經炎、腦炎及急性腎衰竭等症狀。（引自陳發魁，2000）

## （4）臺北榮民總醫院

2001年，鄧昭芳、楊振昌醫師。1985~1995年間共有294蜂螫病例，其中胡蜂螫傷137例，蜜蜂螫傷129例，不確定何種蜂螫傷28例。個案中大多數產生局部症狀，不需治療，1~3天症狀就會消失。294人中有

47人是全身性症狀，大多數遭多隻蜂螫傷。有2人產生急性心肌梗塞、3人產生中風、2人產生肺水腫及5人死亡。這些病患中，單隻蜂螫除了產生過敏性休克外，很少導致嚴重症狀。多隻蜂螫，較易引起全身性嚴重症狀。（引自鄧昭芳、楊振昌，2001）

### 4.3.5 結語

目前國內各大醫院有毒藥物防治中心，許多專門醫師投入蜂螫治療的研究與急救。臺北榮民總醫院有「毒物防治諮詢中心」，臺中榮民總醫院有「急診臨床毒物科」，臺中中國醫藥大學有「毒物科暨毒藥物諮詢檢驗中心」等。另外，臺中市中山醫學大學附設醫院、嘉義市天主教聖馬爾定醫院、羅東醫院等，全省各大型醫院幾乎都有醫師們，都投入蜂螫的研究及救治行列。

# 4.4 蜂螫預防的推廣

　　1985年10月份陳益興老師蜂螫事件發生後，作者當年11月10~24日在臺灣省立博物館辦理「虎頭蜂特展」，接續辦理如何預防蜂螫的系列活動。1986年6月20日應新北市江翠國中邀請，在文化中心演講「蜂螫與防治」。1993年為「童軍教育教師手冊」第二冊，提供「蜂類的認識與蜂螫預防及急救」文稿。

## 4.4.1 虎頭蜂防治策略

　　2003年針對中小學及民間團體，提出「虎頭蜂防治策略」計畫。推廣預防虎頭蜂螫的概念，並指導製作「虎頭蜂誘集器」。計畫是以國立臺灣博物館之名提出，經館長核定後，陳文教育部中部辦公室、農委會中部辦公室、臺灣省養蜂協會。於2003年9~10月間執行，如表4.4-1。

表4.4-1國立臺灣博物館「虎頭蜂防治策略」計畫活動執行

|  | 單位 | 時間 | 連絡人 |
|---|---|---|---|
| 1 | 新竹市新竹女中 | 2003.9.10 | 王主任、楊組長 |
| 2 | 臺北縣林口瑞平國小 | 2003.9.15 | 張教導主任 |
| 3 | 臺北縣三重永福國小 | 2003.9.17 | 學務處訓育組劉組長 |
| 4 | 臺北縣板橋華僑高中 | 2003.10.2 | 實驗研究組張組長 |
| 5 | 花蓮啓智學校 | 2003.10.9 | 學務處關小姐 |
| 6 | 新竹縣竹南高中 | 2003.10.13 | 總務組朱先生 |
| 7 | 臺北縣農會推廣科 | 2003.10.22 | 李先生 |
| 8 | 高雄縣旗山農工 | 2003.10.29 | 實習處陳組長 |

　　計畫執行之際，正逢姜義晏同學進行的「虎頭蜂誘集器及誘餌」研發成熟。姜同學是由國立臺灣大學昆蟲系系主任洪淑彬教授、何鎧光榮譽教授及作者，共同指導的研究生。在辦理虎頭蜂防治策略訓練期間，有些場次邀請姜同學前往，指導如何製作虎頭蜂誘集器（圖4.4-1）。

▌4.4-1 姜義晏講解誘集器的製作

▌4.4-2 林口瑞平國小演講

▌4.4-3 姜義晏在瑞平國小示範

▌4.4-4 三重永福國小演講

　　「虎頭蜂防治策略」計畫執行期間，各單位的主辦人員都非常熱忱，令人感動。記得9月10日到新竹女中演講，承蒙張校長、總務處王主任、家長會安會長等熱忱接待，難得遇到一位安姓宗親，更為親切。30餘位老師上課，反應熱烈。一位專門負責處理虎頭蜂的清潔人員也參與聽講，並且討論了許多問題，真是難得。感動之餘，在該校演講的鐘點費，全部捐贈給學校當教育基金。9月15日到瑞平國小時（圖4.4-2），葉校長也參加上課及參與誘集器製作，姜同學指導如何製作虎頭蜂誘集器（圖4.4-3）。校長曾經轉任7~8所學校，幾乎都有虎頭蜂危害事件。葉校長展示一盒自己採集的各種蜂類標本，供大家觀賞。可見有許多國中小學，非常重視預防蜂螫的問題。三重市永福國小劉組長熱烈歡迎（圖4.4-4），課後老師仍然熱烈討論。

　　10月2日在華僑高中授課最為感動，由張組長接待，上課老師40多位，學生90多位，總計人數近140人，反應最熱烈，超出預期。10月9日到花蓮的啟智學校路途遙遠，先開車到羅東，再改搭火車到花蓮，關老師開車到火車站接送。第一次到啟智學校，順便參訪學校。這是平

生一次的經歷，內心相當震撼。非常敬佩學校的老師們，付出極大的耐心、愛心與智慧。但是十分感概，上帝對人類似乎有點不公平，製造了亞里斯多德、柏拉圖、愛因斯坦、居禮夫人、孔夫子等的智者偉人，又為甚麼還要孕育一群讓人非常疼惜的孩子呢？回到臺北後，一個月內心都不平靜。

臺北縣農會是唯一民間團體辦理預防蜂螫的活動，以「臺北縣92年度虎頭蜂防治策略訓練計畫」之名，廣發通知給各鄉鎮市地區農會，在臺北縣農會七樓會議室舉辦，與會人員反應熱烈。10月29日最後一站，在最遠的高雄縣旗山農工。路途有點遙遠，獨自一個人開車南北奔波，只為了實現一個小小的理念，需要忍受孤獨、長途跋涉，正好藉機磨練耐性與意志力。

## 4.4.2 推廣預防蜂螫

推廣如何預防蜂螫，自2000年起就已經啟動。除了上述2003年新竹女中等8場，還受邀到臺北消防隊等單位演講。2000~2012年另有12場次，如表4.4-2。最近一次演講，於2012年12月29日在國立中興大學昆蟲系，講題是「與虎頭蜂共舞四十年」（圖4.4-5）由路主任光輝教授主持（圖4.4-6）。

▌4.4-5 預防蜂螫演講-1

▌4.4-6 預防蜂螫演講-2

表4.4-2 2000~2012年專題演講時間及地點

|  | 單位 | 時間 | 演講題目 |
|---|---|---|---|
| 1 | 臺北縣消防隊 | 2000.6.7 | 捕蜂技巧與急救 |
| 2 | 臺北縣消防隊 | 2000.6.9 | 捕蜂技巧與急救 |
| 3 | 生態攝影協會年會 | 2001.3.3 | 臺灣的虎頭蜂 |
| 4 | 國立中興大學昆蟲系 | 2001.4.25 | 虎頭蜂的蜂螫與急救 |
| 5 | 臺北紅十字會 | 2002.10.18 | 虎頭蜂的蜂螫與急救 |
| 6 | 東海大學生物系 | 2002.11.10 | 虎頭蜂的蜂螫與急救 |
| 7 | 原住民基礎養蜂訓練班 | 2003.05.23 | 蜜蜂天敵-虎頭蜂 |
| 8 | 中研院動物所 | 2006.08.28 | 臺灣的虎頭蜂 |
| 9 | 苗栗農改場 | 2011.11.18 | 虎頭蜂的危害及防除 |
| 10 | 翡翠水庫 | 2012.2.15 | 虎頭蜂的危害及防除 |
| 11 | 病媒防治協會 | 2012.2.17 | 虎頭蜂的防治 |
| 12 | 國立中興大學昆蟲系 | 2012.12.29 | 與虎頭蜂共舞四十年 |

## 4.4.3 辦理推廣活動的主要動力

　　1983年11月11日民生報黃婉芸記者的一篇報導,「秋日殺手虎頭蜂」。每當看到新聞媒體報導虎頭蜂的螫人事件,內心深處的沉痛,化為無名的內聚力,促動了辦理「如何預防蜂螫」推廣計畫。報導內容,摘記如下。

　　1970年8月14日。在宜蘭縣南澳鄉,東澳里的西帽山。臺灣省地質研究所測繪室主任,余再興及余金仁父子死亡。測量路基剷除野草時,被草叢中的毒蜂圍攻。未即時送醫,當場又未能急救,不及七小時送命。…1974年10月。臺南市四分子一名四歲女童,在家附近喜戲,被虎頭蜂叮死。…1982年10月。臺北縣石碇鄉,一頭水牛,因誤觸虎頭蜂窩,牛皮不管用,還被叮死。…1983年8月。高雄縣大寮鄉,一名一歲多的嬰兒,被虎頭蜂螫到,不治。…1983年9月。花蓮縣萬榮鄉,老婦鄭六妹,被上百隻虎頭蜂的圍攻,不治。…1983年10月20日。南投縣仁愛鄉萬大水庫附近山區,來自臺北一支登山隊遭到一巢虎頭蜂襲擊,女隊員朱淑鳳被螫死。法醫驗屍,發現她身上的針刺孔,有一百多處,密密麻麻,真叫人怵目驚心。…1983年10月30日,花蓮縣富里鄉,老榮民張賢明,遭受一窩虎頭蜂攻擊,活活被螫死。

## 4.4.4 結語

　　2003年執行「虎頭蜂防治策略」計畫時發現，實際上許多中小學的校長及老師們都很重視虎頭蜂危害學童的問題。但是缺乏虎頭蜂的基本資料，教導虎頭蜂防治，有實質的困難。

　　臺灣研究虎頭蜂的專家已經很少，推廣「如何預防蜂螫」的人員更少，深感在個人工作崗位上，應該多做點「預防蜂螫」的推廣工作，盡快的將虎頭蜂的資料整理完成，藉以回饋社會。

# Chapter 5
# 虎頭蜂與人類

虎頭蜂與人類有長久的關係，中國古籍也有胡蜂醫學用途的記載。虎頭蜂危害人類造成傷亡，也是一種特殊關係。每年臺灣都會發生虎頭蜂螫人事件，有哪些問題值得省思呢？人類又如何與虎頭蜂和平相處呢？

▌東方蜂鷹攻擊虎頭蜂巢（劉輔仁攝）

# 章節摘要

**5.1** 虎頭蜂與人類的關係：從世界上最早發現的胡蜂化石說起，再由中國古籍中瞭解古代胡蜂及胡蜂巢的醫藥用途，轉而介紹虎頭蜂在環境中的角色、在經濟上的價值及蜂類對人類的危害程度。

**5.2** 虎頭蜂螫人事件的省思：每年秋季都發生虎頭蜂螫人事件，並且一再重演。到底虎頭蜂螫人事件與哪些機構、哪些單位或哪些人，有密切關係呢？初步探討蜂螫事件與消防局、捕蜂人、醫療機構、學者專家、氣候及受害群組的關係。

**5.3** 與虎頭蜂和諧共舞：虎頭蜂不主動攻擊人們，基本上是「人不犯我，我不犯人。」如何讓社會大眾對虎頭蜂更深刻了解，以便虎頭蜂螫人傷亡事件減少一點。呼籲「學習與大自然相處之道」，期望現代人都能與虎頭蜂和諧共舞。

# 5.1 虎頭蜂與人類的關係

　　虎頭蜂與人類的關係，可從世界上最早發現的胡蜂化石說起，再由中國古籍中瞭解古代胡蜂及胡蜂巢的醫藥用途，轉而介紹虎頭蜂在環境中的角色、在經濟上的價值及蜂類對人類的危害程度。

## 5.1.1 世界胡蜂簡史

　　約在4~5千萬年前波羅地海琥珀中，最早發現的胡蜂類化石，是*Palaeovespa baltica*。第二個化石是發現在美國克羅拉多洲的中新世（Miocene）頁岩中，約有1.5~3.5千萬年。接著，在猶他州發現的*Celliforma favosites*蜂巢化石，屬於上白堊紀（Upper Cretaceous）時期，約有1億年。

▌5.1-1 虎頭蜂是下埃及的標誌（趙榮台圖）

　　古埃及文字中的東方虎頭蜂（*Vespa orientalis*），是最早發現胡蜂的紀錄。西元前3100年，國王米內斯（King Menes）採用東方虎頭蜂當成下埃及（Lower Egypt）的標誌（圖5.1-1）。古希臘的知名學者亞里斯多德（西元前384~322）對於胡蜂的蜂巢、築巢、蜂王、產卵、幼蟲、螫針等都有詳細的記述。西元1930到1940年間，美國學者貝桂（J.Bequaert），制定了第一套胡蜂的分類系統。

## 5.1.2 中國古籍的胡蜂

　　西元前11~6世紀《詩經·小雅·小宛》，記述「螟蛉有子，蜾蠃負之」。蜾蠃是中國最早記載的胡蜂類，如宋朝朱熹《集傳》曰：「螟蛉，桑樹上小青蟲也。」蜾蠃是一種昆蟲，色青黑，腰細，體形似蜂，用泥土築巢於樹枝上，常捕食害蟲，有益於農作物生長，又稱為蒲盧、蠮螉，現俗稱泥壺蜂。《禮記·中庸》：「夫政也者，蒲盧也」。鄭玄作者註：「蒲盧，蜾蠃，謂土蜂也」。西漢揚雄《法言·

學行》有「螟蛉之子，殪而逢蜾蠃，祝之曰：『類我、類我。』久則肖之矣」。意思是蜾蠃把螟蛉幼蟲抓回泥窩中，並對牠說：「像我、像我。」時間一久就會變成蜾蠃的樣子。揚雄此種說法，被後來許多學者紛紛以「螟蛉義子」引用在其著作中。

西元520年南北朝醫學家陶弘景，不相信蜾蠃無子，決心親自觀察。他找到一窩蜾蠃，這些蜾蠃將螟蛉銜回窩中，用自己尾上的毒針先刺個半死，然後在其身上產卵。原來螟蛉不是「義子」，而是蜾蠃捉來飼育後代的食物。難得陶弘景醫學家追根究底的觀察，才揭開了千年之謎，導正「螟蛉義子」以訛傳訛的誤解。其後，西元1186年宋朝彭乘，也觀察到蜾蠃捕獲螟蛉後，先予螫刺的現象。中國古籍中有甚多的相關記載，不勝枚舉。

明朝李時珍（1518~1593）在《本草綱目》，記載蜂類入藥，有蜂蜜、蜜蠟、蜜蜂、獨角蜂、石蜜；有竹蜂、土蜂、赤翅蜂、大黃蜂、露蜂房等名錄。除了蜜蜂相關產品入藥之外，其他蜂胡類的藥用記載，摘記數則如下。

## 1.大黃蜂

大黃蜂子在人家屋上作房，山林間大蜂結房，大者如巨鐘其房數百層。土人採時，著草衣蔽身，以趂其毒螫。復以煙火薰蜂母，乃敢攀緣崖木斷其蒂。一房蜂兒五六斗至一石。揀狀如蠶蛹瑩白者，以鹽炒爆乾，寄入京洛，以為方物。然房中蜂兒三分之一，翅足已成，則不堪用。

## 2.土蜂

穴居作房，赤黑色最大，螫人致死。土蜂乃大蜂，在土中作房。木蜂似土蜂而小，江東人並食其子。然則二蜂皆可食久矣，大抵性味亦不相遠矣。蜂：燒末，油和敷。主治蜘蛛咬瘡。蜂子：氣味甘、平有毒。主治：癰腫、嗌痛、利大小便、治婦人帶下，功同蜜蜂子。酒浸敷面，令人悅白。土蜂室：主治癰腫不消。為末、調醋塗之，乾更易之。不久服食，療疗腫瘡毒。

## 3.竹蜂

　　蜂如小指大，正黑色也，嚙竹。巢蜜如稠糖，酸甜好食。竹蜜蜂出蜀中，于野竹上結巢，紺色，大如雞子，長寸許有蒂。巢有蜜，甘倍常蜜。留師蜜，甘酸、寒、無毒。主治，牙齒痛、口瘡，並含之，良。（作者註：巢有蜜，屬蜜蜂總科）

## 4.赤翅蜂

　　出嶺南，狀如土蜂，翅赤頭黑，大如螃蟹，食蜘蛛。蜘蛛遙知蜂來，皆狼狼藏隱。蜂以預知其處，食之無遺。此毒蜂穿土作巢者，一種毒蜂作巢於木，亦此類也。其巢大如鵝卵，皮厚蒼黃色，只有一個蜂，大如小石燕子。人馬被螫，立臥也。…有毒，療蜘蛛咬，疔腫疽病，燒黑和油塗之。或取蜂巢土，以酢和塗之。蜘蛛咬處，當得絲出。（作者註：屬於蛛蜂類）

## 5.革蜂

　　乃山中大黃蜂也，其房有重，重如樓台者。石蜂、草蜂，尋常所見蜂也。獨蜂，俗名七里蜂者是矣，其毒最猛。曰：凡使革蜂窠，先以鴉豆枕等同拌蒸，從巳至未時，出鴉豆枕了，曬乾用。

## 6.露蜂房

　　又稱蜂百穿、紫金沙、馬蜂包、蜂巢等。露蜂房生谷。七月七日采，陰乾。房懸在樹上得風露者。氣味干、平，有毒。露蜂房，陽明藥。外科、齒科及其病用之者，易接取其以毒攻毒，間殺蟲之功耳。主治：驚癇、寒熱邪風、鬼精蠱毒、腸痔。火熬之良，療蜂毒、毒腫。和亂髮、蛇皮燒灰，以酒日服二方寸匕，治惡疽附骨癰，歷節腫出。疔腫惡脈，諸毒皆瘥。以蜂室為末，豬脂和敷，或煎水洗，可治蜂螫腫痛。療上氣赤白痢瘡。

### 5.1.3 胡蜂巢的利用

　　胡蜂能夠入藥，胡蜂的巢也是藥材。中國古籍中記載的露蜂房，就是胡蜂的巢。露蜂房到底是哪一種胡蜂的巢呢？古代醫書對於露蜂房就很有興趣，有許多不同的說法，摘記如下。

### 1.陶弘景曰

　　此蜂室多在樹腹中及地中。今日露蜂房，當用人家屋間及樹枝間苞裹者。乃遠舉，未解所以。

### 2.《雷公炮炙論》

　　「蜂房有四件，一名革蜂巢，二名石蜂巢，三名獨蜂巢，四名是草蜂巢也。入藥以革蜂巢為勝。」

### 3.《唐本草》

　　「此蜂房用樹上懸得風露者，其蜂黃黑色，長寸許，非人家屋下小小蜂房也。」

### 4.《蜀本草》

　　「《圖經》云：露蜂房，樹上大黃蜂窠也，大看如甕，小者如桶，今所在有，十一月、十二月采。」

### 5.《本草衍義》

　　宗奭曰：「露蜂房有二種：一種小而色淡黃，巢長六、七寸至一尺，闊二、三寸，如蜜脾下垂，一邊是房，多在叢木深林之中，世謂之牛舌蜂；一種多在高木之上，或屋之下，如三、四斗許，小者亦一、二斗，中有巢如瓠狀，由此名玄瓠蜂，蜂色赤黃，其形大於諸蜂。今人用露蜂房，兼用此兩種。」

　　1991年林俊清等，在「中醫藥雜誌」發表「蜂房的本草學研究」。以現代的學術背景，探討露蜂房是哪一種胡蜂的巢。報告中指出，露蜂房源自不同的胡蜂，例如胡蜂屬（*Vespa*）、馬蜂屬

（*Polistes*）、側異腹胡蜂屬（*Parapalybia*）及黃胡蜂屬（*Vespula*），基源非常混亂。研究結論是，依據歷代本草記載及生藥學的調查，推定出自唐、宋代蜂巢為基源，主要源自胡蜂屬及馬蜂屬的巢，偶有出於側異腹胡蜂屬或鈴腹胡蜂屬的巢。明清代以後，露蜂房以馬蜂屬蜂巢為基源，成了市場之主流，流傳至今。

姑且不論露蜂房是哪一種胡蜂的巢，古籍記載蜂巢中的成分及藥性，以現代科學的觀點是否確實具醫療效果，是值得進一步研究的課題。

## 5.1.4 虎頭蜂在環境中的角色

虎頭蜂在自然環境中所扮演的角色，究竟歸為「益蟲」或是「害蟲」，其實都是人類不同面向的看法。

### 1.虎頭蜂是益蟲

由中國古籍的部份記載，瞭解胡蜂對人類的益處很多。虎頭蜂及胡蜂會訪花並吸食花蜜，花粉也會黏在頭部或腿部，幫助野生植物傳布花粉。虎頭蜂捕食小型昆蟲，控制自然環境中的害蟲族群，維持森林生態平衡。虎頭蜂在森林中能夠捕食多少有害昆蟲，對於維持森林生態的平衡有多少實質的貢獻，難以正確估算。

1988年郭木傳及葉文和記述，以嘉義社口林場150公頃面積，估算胡蜂類一年捕食害蟲總數為81,719,504隻。換算後，每公頃害蟲總數為544,797隻。虎頭蜂一年間捕捉害蟲的數目，估算黑腹虎頭蜂捕捉害蟲1,211,079隻，黃腳虎頭蜂捕捉681,577隻，中華大虎頭蜂捕捉180,141隻，黃腰虎頭蜂捕捉162,618隻，擬大虎頭蜂捕捉82,150隻，姬虎頭蜂捕捉27,837隻。虎頭蜂捕捉的農林害蟲數目，佔所有蜂類捕捉總數的15%。其他另有馬蜂屬（長腳蜂）30%、細長腳蜂屬25%、鐘胡蜂屬20%。虎頭蜂及其他胡蜂對於控制森林害蟲，確實有具體的效果，被視為益蟲。

## 2.虎頭蜂是害蟲

虎頭蜂的身體及腸道不但會攜帶細菌，並且會散布。例如沙門氏菌、大腸桿菌、傷寒菌及副傷寒菌等，導致人類食物中毒。帶有細菌的虎頭蜂螫人後，也會把細菌傳給人類，是重要的帶菌者。

虎頭蜂常在郊外的野餐區、露營區、水果攤及麵包店出現，取食糖水甜食。還會在魚肉攤附近出現，竊食魚肉。雖然會騷擾民眾活動，通常只要不主動攻擊，他們多不會傷人。在果園中，虎頭蜂咬食成熟果實，造成果實壞損、腐爛、脫落，特別對梅樹、梨樹、葡萄、蘋果、黑莓，會造成減產損失。虎頭蜂尤其會破壞紫丁香的樹皮，還為了吸取管狀花的花蜜，在花的基部咬個小孔，因此造成果樹及水果商相當慘重的經濟損失。中國北方養殖柞蠶及野蠶地區，常會遭虎頭蜂侵害獵食，每年平均受害率達15%，最高年份可達70%，頗為嚴重。

1968年統計，在美國加州胡蜂（含虎頭蜂）所造成的農業損失，包括工資的損失、員工被螫後的醫療費用等，高達100,000英鎊。在加州的私人渡假村，因為遊客無法忍受胡蜂而不願前往旅遊，造成的觀光損失每季約達2,500英鎊。虎頭蜂捕食蜜蜂，是養蜂場的一大天敵。在紐西蘭，1974~75虎頭蜂造成蜜蜂的損失，約在30,000~35,000英鎊。

虎頭蜂也會螫刺寵物造成傷亡，友人鄭雅芹飼養的貓咪被黑腹虎頭蜂螫後，右前腳腫脹3天（圖5.1-2）。寵物被蜂螫也要立刻處理，用毛巾包住患處、冰塊冰敷，且立即送醫，否則嚴重者恐導致腎衰竭或過敏性休克。虎頭蜂每年秋季都有螫人事件發生，造成人們疼痛或傷亡，因此被視為害蟲。

## 5.1.5 虎頭蜂在經濟上的價值

歐美許多地區，利用胡蜂幼蟲當釣魚餌。有些地區人們喜好將胡蜂的幼蟲烹調上桌，成為一道鄉土名菜「炒蜂蛹」。胡蜂幼蟲在大陸北京、上海、廣東的需求量很大，日本及韓國也有向中國進口的紀錄。1988年趙榮台記述，臺灣民間在供奉神像之前，以虎頭蜂置入神像內「入神」（圖5.1-3），每年至少有600萬台幣的經濟活動。

5.1-3 虎頭蜂置入神像（趙榮台）

5.1-2 貓咪被虎頭蜂螫傷後，右腳腫脹
（鄭雅芹攝）

5.1-5 中國的虎頭蜂酒

5.1-4 臺灣的虎頭蜂酒

約在1980年代，臺灣販售「虎頭蜂酒」（圖5.1-4）造成風潮。捕蜂人協助民眾摘除附近蜂巢，除害之餘，製成虎頭蜂酒賺點外快。近年來，中國已經有大量的「虎頭蜂酒」（圖5.1-5）上市，網路上可以看到很多宣傳。民俗療法認為，虎頭蜂酒可以預防風濕病及關節炎等類的病症。參見5.1.2中，記述大黃蜂蜂子、露蜂房等可入藥；土蜂酒浸敷面，令人悅白。但是，用虎頭蜂的幼蟲、蛹及成蜂泡製的虎頭蜂酒，有多少宣稱的效果，尚待瞭解。

2009年Google網路訊息：北港一間糕餅店師父也是義消，經常幫民眾抓虎頭蜂。一天突發奇想將養顏美容的蜂蛹和月餅結合，把蜂蛹當成內餡。四年前推出「虎頭蜂月餅」，因為口味獨特，受到愛美女性顧客的喜愛，真是很有創意。

## 5.1.6 胡蜂對人們的危害程度

1986年郭木傳及葉文和報告，提及一句民間俗語「雞籠蜂一、虎頭蜂三、黃蜂七、草蜂一百一」。可解讀為：一隻「雞籠蜂」對人類危害的嚴重性，等於三隻「虎頭蜂」、等於七隻「黃蜂」、等於一百一隻「草蜂」。「雞籠蜂」是指山林中的黑腹虎頭蜂或黃腳虎頭蜂；「虎頭蜂」是指都會區中最常見的黃腰虎頭蜂；「黃蜂」是指一般體型略大的馬蜂及防禦迅速的變側異腹胡蜂等；「草蜂」是指體型較小的日本馬蜂、黃馬蜂及鈴腹胡蜂等。這個俗語可以概略說明，不同胡蜂對人類危害的嚴重程度。作者將胡蜂對人們的危害分為四類，可提供再斟酌是否需要防除的參考。

### 1.對人們無害或有益的胡蜂

寄生性蜂類（圖5.1-6）包括小繭蜂、姬蜂、舉尾小蜂等。小繭蜂類體型很小，體長多在1.5公分以內，產卵在其他昆蟲體內，行寄生生活。大多數寄生性蜂類，寄生在蚜蟲、甲蟲、蛾類及蠅類等的幼蟲體內。小蜂類比小繭蜂更小，體長0.2~0.3公分，寄生在昆蟲的卵或幼蟲內。姬蜂類（圖5.1-7）的幼蟲是寄生性，懸繭姬蜂的產卵管很長（圖5.1-8），牠的懸繭吊掛在樹枝上（圖5.1-9）非常可愛。較大的舉尾小蜂，寄生在胡蜂的體內，都不會螫人。這些小型蜂可殺死害蟲，被歸到益蟲類。

### 2.對人們危害性較小的胡蜂

胡蜂總科下的蜾蠃類、鈴腹蜂類或異腹胡蜂類等，有些是獨居性，也有些是群居性。通常牠們的蜂隻數目較少，一群只有數十隻或百餘隻，攻擊性很小。例如變側異腹胡蜂及帶鈴腹胡蜂，一群約有百隻。家馬蜂、黃馬蜂（圖5.1-10）、日本馬蜂及雙斑馬蜂等，一群少於

▌5.1-6 寄生蜂（楊維晟攝）

▌5.1-7 姬蜂（楊維晟攝）

▌5.1-8 懸蛹姬蜂雌蜂的有產卵管（李國明攝）

▌5.1-9 懸蛹姬蜂的懸蛹（李國明攝）

▌5.1-10 黃馬蜂及其巢（李國明攝）

百隻。只要不騷擾或碰觸牠們的蜂巢,不會主動攻擊人們,蜂螫後也不易引起眾多的人受傷或致死,但是過敏體質的人除外。另外,有些種類屬於大型蜂,例如大馬蜂體型較大,比小型虎頭蜂的體型還大。但是蜂群中的蜂數較少,攻擊性很弱,通常只是單打獨鬥。以整體而言,對人們的危害性較小。

### 3.對人們危害性較大的胡蜂

姬虎頭蜂、擬大虎頭蜂,這些蜂群的蜂隻數目比前一項蜂類多,而且體型較大,對人們有危害性。如果騷擾或激怒牠們,也會群起圍攻。另外,飼養的蜜蜂類雖然體型不大,因為蜂數較多,螫人也會致死。不過發生機率較低,可是也有螫死牛隻的紀錄。

### 4.對人們危害性最高的胡蜂

黃腰虎頭蜂因為棲息在都會地區,容易與人們接觸,自然危害機率較高,螫傷的紀錄較多。黑腹虎頭蜂、中華大虎頭蜂、黃腳虎頭蜂,歷年來有許多螫人死傷的紀錄。到了秋季,牠們的蜂隻數目較多、體型大並且攻擊性強。一旦牠們受到騷擾,會群起攻擊,因此螫傷或致死的人數較多。

## 5.1.7 結語

虎頭蜂與人類有長久的淵源,於環境中的角色、在經濟上的價值、對人們的危害等,都有複雜而微妙的關係。對人們的危害不大,沒有積極防除的必要。因此,如果發現居家附近或工作環境中,有「4.對人們危害性最高的胡蜂」,可考量是否需要防除。最好依據實際狀況,基於安全考量,三思後再行動。

# 5.2 虎頭蜂螫人事件的省思

　　每年秋季都發生虎頭蜂螫人事件，並且一再重演，以致大家談「虎頭蜂」色變。到底虎頭蜂螫人事件與哪些機構、哪些單位或哪些人，有密切關係呢？有哪些事項需要加強宣導或防範呢？值得省思。

　　每年3~5月間，虎頭蜂新蜂王從蟄伏處甦醒開始活動，因此5~11月是螫人事件的發生時期，而螫人事件的高峰期則在8~10月間。從歷年媒體報導暸解，虎頭蜂螫人事件在臺灣的各地發生，給消防局帶來驚人的業務量。臺北市消防局電子報，2013年8月8日報導。…從5、6月開始，全台各縣市都不時傳出有虎頭蜂螫人事件。…根據臺北市政府消防局救災救護指揮中心（119）的統計，自2011年8月1日起至9月15日止，1個半月期間總共受理了1,541件捕蜂案件，較去年同期的1,143件增加近400件捕蜂案件…。業務量實在驚人。主要因為大都會區民眾對於蜂類的恐懼，引發了高度的危機意識，以致於消防單位疲於奔命。為了對虎頭蜂螫人事件多一點了解，特別拜訪新北市消防局。

## 5.2.1 蜂螫事件與消防局

　　2012年3月份，專程拜訪新北市消防局。根據該局資料，2008年全年出動捕蜂2,654件，每年365天，每天出動捕蜂約7.3件之多，真是不可思議。2008年全年出動捕蜂2,654件，2009年全年出動捕蜂3,370件，2010年全年出動捕蜂5,054件，三年總計11,078件。相對於同樣危害人們的蛇類，新北市消防隊出動捕蛇的件數，2008年2,308件、2009年2,630件、2010年2,861件，三年總計7,799件，只有捕蜂件數的70%。

　　2011年新北市消防局責任地區，全年出動捕蜂件數，新板地區952件、新莊地區911件、三重地區840件、新店地區1,332件、土城地區906件、瑞芳地區1,031件。地區不同，發生的捕蜂件數也不相同。每個地區的鄉鎮，又有發生比率高低的差異。從捕蜂件數及捕蜂地區分布，可以得到概略的指標，可作為進一步分析蜂類分布的基本資料。

　　再從全省各地消防局2009年至2013年的捕蜂件數來看，消防局的年度捕蜂件數表更是驚人，如表5.2-1。從捕蜂總數來看，2009年22,928

件，2010年32,967件，2011年38,581件，2012年43,944件，2013年42,048件。2009年至2012年捕蜂件數逐年增加，只有2012至2013略為下降，表示人們對蜂類危害的防範意識增強，或有其他因素影響。捕蜂總數，包括所有的蜂類，與虎頭蜂危害並非直接相關。

表5.2-1全省各地消防局2009年至2013年捕蜂件數

| 月 ＼ 年 | 2009 | 2010 | 2011 | 2012 | 2013 |
|---|---|---|---|---|---|
| 1 | 222 | 382 | 1,206 | 416 | 494 |
| 2 | 271 | 336 | 251 | 318 | 372 |
| 3 | 503 | 733 | 472 | 590 | 907 |
| 4 | 567 | 793 | 791 | 853 | 785 |
| 5 | 1,060 | 1,711 | 1,015 | 2,092 | 1,475 |
| 6 | 2,877 | 3,946 | 3,295 | 5,827 | 4,826 |
| 7 | 5,333 | 7,515 | 7,404 | 10,968 | 10,638 |
| 8 | 4,275 | 6,897 | 10,231 | 8,504 | 9,220 |
| 9 | 3,378 | 4,569 | 7,796 | 6,430 | 6,772 |
| 10 | 2,007 | 2,437 | 3,351 | 4,784 | 3,936 |
| 11 | 1,027 | 1,206 | 1,786 | 2,186 | 1,772 |
| 12 | 505 | 695 | 729 | 976 | 851 |
| 總計 | 22,928 | 32,967 | 38,581 | 43,944 | 42,048 |

　　消防局的主要任務，是救災救護、火災預防、減災規劃、災害搶救、緊急救護、火災調查等。還有抓各種動物昆蟲，例如救貓、救狗，抓蛇、猴子，捕虎頭蜂等。另外，也要取締瓦斯鋼瓶、取締爆竹煙火、消防安檢、拆炸彈等。消防局的派員出動捕蜂，只是所有任務中很小的一項。不論是大蜂或小蜂，一隻蜂或是一大窩蜂，只要民眾撥打119報案。消防局就得列入紀錄，還要追蹤考核。雖然不見得每位隊員都有摘除虎頭蜂巢的經驗，但是輪派任務，都必須義無反顧勇往直前。所以在執行任務時，也會發生各種意外狀況，被螫得鼻青臉腫或甚而喪命。因此消防隊員及義消們，為了達成任務，有許多人自行研製各種捕蜂裝備，不斷改良捕蜂技巧。

　　實際上除了虎頭蜂之外，許多蜂類對人們的危害並不嚴重。任何一種蜂類出現，都要煩勞消防隊員出動，無異是資源浪費。但是捕蜂

案件對於消防局而言，仍然是一件為民除害的神聖任務。摘記媒體報導，更了解消防局人員的艱苦辛勞。

2011年11月18日新聞報導。50歲從事救難工作31年的李光先消防員，⋯上個月29日晚上11點接獲民眾要求，到臺東知本一間溫泉協助摘除虎頭蜂巢。⋯沒想到離蜂巢50公尺就被攻擊，遭蜂螫引發過敏，全身癱軟失去意識。到醫院之前失去呼吸心跳，狀況一度危急，住進加護病房觀察。住院19天情況未能好轉，11月17日多重器官衰竭不治。⋯也是消防署成立以來，第一起消防員摘除蜂巢的殉職案例。（引自中央社）

2012年10月14日新聞報導。公館鄉大坑山區陳姓村民⋯後方山坡大芒果樹上，有直徑一公尺的黑腹虎頭蜂巢⋯10月13日夜晚，苗栗縣公館義消分隊41歲副小隊長李安煥，與三位同伴前往捕蜂。當李安煥攀上鋁梯，準備鋸下蜂巢時，鋸子一動，樹枝突然折斷。⋯巨大蜂巢瞬間掉落，虎頭蜂傾巢而出⋯。李員遭到攻擊，⋯當場倒地，嚴重嘔吐，休克昏迷。⋯經過醫師搶救後，宣告不治。李安煥加入義消行列逾九年，熱心服務。於2007年獲得績優義消人員。李員捕蜂經驗豐富，分隊請他幫忙都義不容辭，沒有想到昨晚發生意外。（引自聯合報）

如果消防局隊員在處裡蜂螫事件時，使用衛星定位相機記錄下螫人蜂的真面目、蜂巢形狀、肇事時間及地點，列為標準流程。日積月累統計資料，即能詳盡列出全省蜂類及虎頭蜂危害的地區圖。進而把螫人事件較為嚴重地區的資料，分等級製作成APP，在發生季節提供民眾手機查詢，將更有實質意義。當然，這些繁瑣的處理程序需要與學術研究單位合作。

## 5.2.2 蜂螫事件與捕蜂人

雖然全省各地民間的捕蜂人，自動投入危險性極高的捕蜂行列，並且不斷研發捕蜂裝備及捕蜂技術。但捕蜂人也會有失手的時候，被虎頭蜂追著跑，螫得鼻青臉腫。因此思考，如何整合全省各地的捕蜂人，交換賣命換來的寶貴經驗、捕虎頭蜂裝備及捕蜂技巧等，並整理出系統。消防局的政府資源與民間捕蜂人連結，訂定一套統合性的作業流程，將可發揮更大的功能。

全省各地捕蜂人或救難協會，如果能籌組「捕蜂協會」，成員定期聚會，交換心得，切磋捕蜂技術。並支援消防局的捕蜂業務，對社會將是一項官民合作互惠互利的功德。

### 5.2.3 蜂螫事件與醫療機構

捕蜂人使用的傳統草藥，及野外求生專家所建議的傳統藥材，為何能夠解除虎頭蜂毒？如果學術單位有興趣投入研究，或許會有一些新發現。

各地醫院急救部門的醫師們，不斷的救人，也不斷的宣導「預防勝於治療」。為了落實蜂螫急救，不妨在虎頭蜂事件經常發生的季節及地區，設置臨時性的急救站，並提供蜂螫急救藥物，是值得參考的措施。如果行政主管機關，能與專業醫療單位研擬相關實施辦法，將可發揮整合的功效。

### 5.2.4 蜂螫事件與學者專家

在虎頭蜂學術研究不足的情況下，與虎頭蜂接觸的各類經驗，都是很寶貴的知識，摘記媒體報導如後。

1974年10月2日新聞報導。…由於臺北市消防警察大隊最近連續掃除大群蜂巢，並有三名消防人員被蜂咬傷…台大植物病蟲害學系副教授何鎧光指出，…如果了解蜂的習性，防止蜂的攻擊，是可以避免的。…萬一被蜂螫傷，要千萬鎮靜，迅速離開現場。因為蜂有群體攻擊性，只要被一隻蜂螫，就會群體來攻。…蜂的種類繁多，毒性劇烈各異，臺灣迄今沒有人對其毒性做深入研究。…如果被蜂螫傷，還是送醫治療比較妥當。（引自中央日報）

1985年11月13日張石角。…對於人類有害的野生動物，如老虎、豹、虎頭蜂、毒蛇等，應將牠們趕離人類居住、活動的地區。但不可趕盡殺絕，最好是保護在政府設立的「生態保護區」內，作為生態保育和科學研究之用。…最後，動物行為的問題也值得一提：虎頭蜂之所以會群起攻擊人類，是因為牠們認為這些侵犯了牠們「領土」的人類，對牠們的「家」（蜂窩）和子女會有嚴重的威脅，…我們應該學

習在任何情況下，不要任性地去侵犯野生動物，尤其是會傷人野生動物的領域。…學習與大自然和諧相處之道，以及如何善用大自然賜給我們的資源，是現代人應有的素養。（引自中國時報）

2011年12月16日新聞報導。…有近半世紀登山經驗的駱高田，數十年來都攀登大凍山和曾文山區…已看過多少虎頭蜂巢，也曾被虎頭蜂螫傷。…提醒山友做好防蜂措施，…駱高田說，連日來上大凍山都有人提醒要小心虎頭蜂，消防隊也派員上山欲摘除蜂巢。…只為破壞蜂巢，卻未設想「山」是虎頭蜂的家，去破壞是違反生態，應該要宣導正確的防蜂常識。（引自中華日報）

# 5.2.5 蜂螫事件與氣候

全省各地的月平均溫變化，影響虎頭蜂螫人事件的發生頻率，也與消防隊局出動捕蜂的件數相關。颱風來襲，吹倒了老化根基不穩的大樹，清除了山林中的腐木敗枝，沖刷了都市中的下水道。同時，也破壞了高掛在大樹梢的虎頭蜂巢。到了秋末，蜂隻的數目就相對減少，對人們的蜂螫威脅也隨之減小。每年颱風侵台的次數及風力強弱，將影響虎頭蜂螫人事件的頻率。若颱風侵台次數少、颱風強度不大，加上暖冬，虎頭蜂繁殖順利，螫人事件將會增加，並且將一直延續到12月。1988年郭木傳及葉文和教授記述，一個區域內胡蜂群密度，受氣候影響很大，尤其以颱風侵襲及冬季是否嚴寒影響最大。例如1987年偉恩颱風侵襲雲林沿海地區，1988年此區域的胡蜂很少。有關氣候與虎頭蜂螫人事件的相關性，是一項很有趣的議題，仍待進一步研究。氣候影響虎頭蜂螫人事件的發生，日本及中國也有類似狀況。

2005年10月26日新聞報導。…日本今年受上半年降雨量較往年減少的影響，大虎頭蜂繁殖速度驚人。…大虎頭蜂的棲息地已漸由森林地區轉往城市，…光是日本人煙稀少的北部，從八月到現在就有5人被大虎頭蜂螫死。（引自蘋果日報）

2013年9月29日陝西省安康市政府。在過去3個月裡，當地已有至少19人被胡蜂螫死。…而安康市顯然是最近一輪蜂災的傷亡。

## 5.2.6 蜂螫事件與受害群組

　　哪些地區較容易發生蜂螫事件？哪些人是蜂螫事件的主要受害者？經初步分析，可分為三個群組。第一類群組，是中小學學童，主要肇事者是黃腰虎頭蜂。第二類群組，是登山客及遊憩區的遊客，主要的肇事者是黑腹虎頭蜂及中華大虎頭蜂。第三類群組，是山野地區工作者，各種蜂類都有可能是肇事者。

### 1.第一類群組：中小學學童

　　學童看到虎頭蜂巢，好奇，想去戳蜂巢是不容易克制的行為。各級學校單位如何防範虎頭蜂螫人事件發生，是教育行政體系中需要加強的一環。實際上，大多數的中小學校長及教師們都很重視，在預防蜂螫方面也做了很多努力，並且有很好的成效。但是，幾乎每年仍有學童被蜂螫的新聞報導。

　　1999年9月新聞報導。臺北縣江翠國中校園，10名師生被螫傷。校園一側大樹上有一個如籃球大小的虎頭蜂窩…出事現場…蜂窩已出現一個大缺口，樹下還有好幾顆小石頭和破裂的蜂巢片。可能是有學生拿石頭丟擲蜂窩，引起虎頭蜂反擊而釀禍。

　　2003年9月中旬新聞報導。臺東市康樂國小男生，用石頭擲黃腰虎頭蜂巢。…群蜂出動攻擊操場中的百餘學童，學童在校園裡滿場跑。虎頭蜂甚至追進教室，學童嚇得哭喊尖叫，造成30多名學童受傷。…學生送往馬偕醫院及臺東醫院。…急救後都無恙。

　　2013年6月下旬新聞報導。北大露營團隊在玉峰部落附近「美術營區」舉行美術營隊活動…有30多人到玉峰國小附近瀑布遊玩，頑皮男童拿石頭往在橋下築巢的虎頭蜂窩丟，引發蜂群攻擊。…四散逃命，共有5名傷者送醫院。…

### 2.第二類群組：登山客及遊憩區遊客

　　登山活動及山林遊憩，是現代人休閒生活中的一環。如果對虎頭蜂習性多一點了解，多做一些防範措施，即可減少意外事件發生。但是，近年來發現蜂鷹攻擊虎頭蜂巢後，虎頭蜂就會攻擊人們，使人們

遭受池魚之殃。

　　2011年9月下旬新聞報導。蜂群螫人追百米「像轟炸機攻擊」。…九月迄今全台至少有二十件、四十人被蜂群攻擊，二人死亡；苗栗縣獅潭鄉、南庄鄉的神仙縱走路線，八天前才有九名登山客被螫傷，昨天同一地點再傳八名遊客被蜂群攻擊受傷。宜蘭縣消防局統計，九月份，宜蘭縣有十四件虎頭蜂襲擊事件；桃園縣近兩周來有三起虎頭蜂螫傷人，造成一死五傷；苗栗縣兩星期共發生四件，造成二十五人受傷。

　　2011年12月4日新聞報導。蜂鷹搗破蜂巢虎頭蜂抓狂螫3人。臺中市豐原山區前天發生鷹、蜂、人的食物鏈大戰，戰端始於猛禽「東方蜂鷹」先攻擊蜂巢，虎頭蜂抗敵無方，遭鷹的爪喙毀壞大半蜂巢，蜂群則因受驚而亂竄，轉而螫傷果農、登山客，使得原本想和蜂巢和平共存的人類，只好動手摘巢；這場生態大戰，蜂鷹喫飽掠奪而去，人類被螫3人，蜂群則無家可歸，蜂成了最大受害者。

　　東方蜂鷹又名鵰頭鷹，在臺灣是最常見以蜂蛹、蜂蜜為食的鷹科鳥類，農委會委託專家調查時，曾拍到東方蜂鷹分進合擊、合作攻擊虎頭蜂巢的情景，甚至拍到東方蜂鷹倒掛金鈎、大啖虎頭蜂蛹的珍貴畫面；昨被摘除的虎頭蜂窩，應該就是遭東方蜂鷹攻擊。「臺中市穿山甲救難協會」昨赴豐原山區東陽路，先架設鋁梯，足足花了3個多小時，才把這個直徑1公尺的虎頭蜂巢摘下，怪異的是，這種「黃跗虎頭蜂」本應棲息海拔1,000公尺以上山區，這次為何在不到500公尺的山林築巢？虎頭蜂達人百思不解。穿山甲協會表示，據轉述，這個大蜂巢前天被蜂鷹攻擊，鷹、蜂大戰現場一片狼藉，蜂鷹顯然占上風，很多虎頭蜂「陣亡」，草叢或地上遍佈虎頭蜂屍體，另有蜂巢碎片與蜂蛹，約3分之2的蜂巢被破壞，部分虎頭蜂移居附近農舍「暫避風頭」，但受驚擾的蜂群亂竄，前天中午先攻擊種植柑橘的果農，他被螫20多處送醫急救；傍晚又有2名登山客分別被螫5處及8處，送醫後皆無大礙。穿山甲協會人員穿防蜂衣，架梯爬到15公尺高的龍眼樹梢，摘除這個直徑達1公尺、相當於大貨車輪胎的大蜂巢，這也是該協會首次在豐原區摘除黃跗虎頭蜂巢。（引自自由時報）

　　2012年12月27日新聞報導。國立臺灣師範大學林口校區，27日中午發生2女1男學生遭虎頭蜂螫傷事件，疑是東方蜂鷹啄食蜂巢窩造成。…（引自東森新聞雲）

▌5.2-1 東方蜂鷹翱翔天空（周大慶攝） ▌5.2-2 東方蜂鷹在蜜蜂的蜂箱上（王嘉雄攝）

2013年6月23日。新竹縣尖石鄉傳出虎頭蜂螫傷民眾的意外，…共有15人被螫傷，5人傷勢較嚴重，其他10人傷勢輕微。…蜂鷹襲蜂巢，虎頭蜂四散螫人。（引自聯合報）

2013年屏東科技大學野生動物保育研究所翁國精博士記述，1970~1990年東方蜂鷹（*Pernis ptilorhynchus*）（圖5.2-1）才開始停留在臺灣，以前是過境或度冬的候鳥。由於臺灣養蜂業，在1970~1980年達到最高峰。因此，臺灣養蜂業的發展，有可能是造成東方蜂鷹候鳥定居的原因之一。東方蜂鷹是科學界首次發現，由候鳥變成留鳥的猛禽。臺灣的野生動物保育法中，已列為珍貴稀有保育類野生動物。蜂鷹主要是攻擊蜜蜂、胡蜂及虎頭蜂等的蜂巢（圖5.2-2），喜好取食蜂巢中的幼蟲、蜂蛹及花粉，也捕食蛙類、蜥蜴類及蛇類（引自科學發展2013年11月491期）。

東方蜂鷹因為蜜蜂而留下，讓養蜂業者傷腦筋。而蜜蜂天敵的虎頭蜂，卻成為蜂鷹的受害者。蜂鷹攻擊虎頭蜂巢取食幼蟲及蜂蛹，讓養蜂業者人心大快，但也給人們帶來另外一種禍害。蜂鷹攻擊虎頭蜂巢的時候（圖5.2-3），是由1~2隻帶頭攻擊虎頭蜂巢，逼使虎頭蜂放棄蜂巢（圖5.2-4），最後由7~8隻蜂鷹分享蜂幼蟲及蛹。一個新物種定居到一個新環境，都會對自然環境造成一些衝擊。東方蜂鷹在臺灣由候鳥變成留鳥，是福是禍？有待學者專家們持續觀察。

▌5.2-3 東方蜂鷹攻擊虎頭蜂巢（劉輔仁攝）

▌5.2-4 兩隻東方蜂鷹在虎頭蜂放棄的巢前等待（劉輔仁攝）

### 3.第三類群組：山野地區的工作者

各種蜂類都有可能成為肇事者。

2004年7月31日新聞報導。男遭蜂襲墜50米深谷。新竹縣一名賽夏族原住民何利德與家人，前往五峰鄉大鹿林道羅山區採集金線蓮，遇到數百隻虎頭蜂攻擊。傷者頭部被螫，昏頭轉向，不慎摔落50公尺山谷中，腿部骨折。…空中消防隊直升機…將傷者送至…東元醫院急救，受困近二十小時，才獲救。（引自蘋果日報）

2005年9月新聞報導。虎頭蜂螫一口村長喪命。桃園龍潭三合村長朱金松兩天前，在三合國小附近巡視水溝工程，被俗稱「地龍蜂」的中華大虎頭蜂螫了一口，回家不久休克昏迷。送醫院急救兩天，昨天中午因腎衰竭不治。

2013年8月8日新聞報導。住宜蘭縣三星鄉的四十七歲吳姓工人，昨天在礁溪鄉林美山上的淡江大學蘭陽校園，…以割草機割除雜草時，被虎頭蜂螫傷。…急救將近兩小時仍回天乏術。（引自中央通訊社）

## 5.2.7 結語

從歷年蒐集的資料中，看到媒體記者奔波採訪，記錄臺灣虎頭蜂螫人事件的歷史。詳盡描述全省各地消防局人員及義消們的辛勞，甚至為了捕蜂還發生殉職的憾事。還有醫院急救中心的醫師們，緊急搶救蜂螫病患，但是仍有受難家屬控訴救難單位及醫院急救不力。此外，捕蜂人熱心協助摘除蜂巢，也不免被虎頭蜂追著跑或是傷亡。臺灣有許多人在自己崗位上，正默默為大眾服務，為虎頭蜂螫人事件奉獻心力，深深感受到臺灣社會溫馨的一面。

最後，特別向防除虎頭蜂殉職的消防局人員及義消們致敬，並為遭虎頭蜂螫傷的受難者，默禱祈福。期盼虎頭蜂螫人傷亡的慘痛教訓，能夠激發人們反省思考改善之策。相信只要同心協力，為虎頭蜂螫人事件規劃更好的防範措施，將可讓人們的傷亡減到最低。

本書「與虎頭蜂共舞——安奎的虎頭蜂研究手札」以回憶錄方式撰寫，提供些許與虎頭蜂接觸的親身體驗，介紹與虎頭蜂相關的基本知識。由於臺灣虎頭蜂的相關資料很少，盡可能把相關的媒體報導、

蒐集的研究報告及學術資料等彙集書中，提供大眾參考。2014年6月23日，又見到聯合報報導「工人山區採藥，虎頭蜂奪命」。觸動了關懷的神經，思考還有哪些預防宣導工作，需要更積極的去推動呢？這是一個老舊，但是很重要的課題。因為，虎頭蜂螫人事件，明年、後年…仍然會不斷地發生。

# 5.3 與虎頭蜂和諧共舞

　　虎頭蜂在臺灣這片土地上，原是過著悠遊自在的生活。日出而作日入而息，數千年如一日。但是，人們為了經濟利益及享受休閒生活，逐年開發這片有限的土地。把青翠茂密的森林，變成了遊樂區、溫泉休閒區及森林小學教學區等。也把山坡地，變成高冷蔬菜園、溫帶果樹園及檳榔種植園等，壓縮了虎頭蜂自然棲息的空間。人們還為了生活便利，開發山區道路及登山步道。不知不覺，深入虎頭蜂棲息的後花園，如此這般一塊又一塊的，逐漸分割了牠們的生活範圍。

　　各大都會區，人口不斷湧入，房屋愈建愈多。為了美化市容，還增設公園綠地，種植大量花木，因此提供了虎頭蜂豐富的食物。讓棲息在都會區中的黃腰虎頭蜂，也就從此有增無減。再加上中小學校的學童們，對於戳馬蜂窩，永遠是興致勃勃，所以都會區的虎頭蜂螫人事件就年年不斷。

　　虎頭蜂雖然有防禦範圍，但仍然不主動攻擊人們，基本上是「人不犯我，我不犯人」，而且牠們的防禦行為非常謹慎細膩。遇到敵害時，經一再仔細偵查，判定真的沒有敵意，就會放你一馬。但是在蜂巢及生命受到嚴重侵擾時，就會群起而攻，不惜犧牲生命驅離敵害，保護家園。另外，虎頭蜂還有維持自然界生態平衡的功能，對人們有直接及間接的利益。在這片土地上，虎頭蜂是默默工作的一群，也是善良的一群。虎頭蜂不會說話，沒有聲音。發生的虎頭蜂螫人事件，是牠們對人類無言的抗議及反撲。當人們要摘除蜂巢之前，建議再三斟酌，是否多留給牠們一點生存空間？因為虎頭蜂也是地球上的一分子，牠們也有生存的權利。

　　如何讓社會大眾對虎頭蜂更深刻了解，使虎頭蜂螫人傷亡事件減少一些，是本書的主要訴求。最後，引用國立臺灣大學張石角教授的話：「學習與大自然和諧相處之道，善用大自然賜給我們的資源，是現代人應有的素養」。現代人，請利用餘暇翻閱「安奎的虎頭蜂研究手札」，化解與虎頭蜂「針蜂相對」的怨懟，學習與虎頭蜂和諧共舞之道。

與虎頭蜂共舞——安奎的虎頭蜂研究手札—228

# 附錄

## 1.進階閱讀

（1）山根正氣、王效岳。1996。認識臺灣的昆蟲16。淑馨出版社。

（2）石達愷（蔣中柱譯）。1991。臺灣社會性昆蟲。國立自然科學博物館出版。

（3）陸聲山、葉文琪、宋一鑫。2013。陽明山國家公園胡蜂調查。2013國家公園學報23（4）：62-68。

（4）楊維晟。2010。野蜂放大鏡。天下遠見出版公司。

（5）趙榮台。1989。胡蜂的世界。臺灣省立博物館印行。

（6）趙榮台。1992。臺灣虎頭蜂的生態及防治。第五屆病媒防治技術研討會論文集91-96。

（7）趙榮台。1996。虎頭蜂的生態及防治。環境有害生物防治通訊24：5-8。

（8）盧耽。2008。圖解昆蟲學。商周出版。

（9）鄧昭芳、楊振昌。2001蜂類螫傷之處理。毒藥物季刊。臺北榮民總醫院，臨床毒藥物諮詢中心。

（10）Carpenter, J.M. 1982. The phylogenetic relationships and natural classification of the Vespoidea（Hymenoptera）.Systematic Entomology 7：11-38

（11）Edwards, R. 1980. Social Wasps. Their biology and control. Rentokil Limited. East Grinstead. 398p.

（12）Matsuura, M. & Yamane, S. 1984. Biology of the Vespine wasps. Hokkaido Univ. Press, Sapporo. 323p.

（13）Sonan, J.,J-I. Kojima, F. Saito & L. T. P. Nguyen. 2011. On the species-group taxa of Taiwanese social wasps（Hymenoptera: Vespidae）. Zootaxa 2920: 42-64.

（14）Starr,C.K. 1992. The Social Wasps（Hymenoptera:Vespidae）of Taiwan. Bulletin of National Museum of Natural Science, No 3:93-138.

## 2.行政院農委會林業試驗所——趙榮台博士胡蜂研究著作清單
2014.9.15

（1）期刊論文

A.（A）Chao, J. T. and H. R. Hermann. 1983. Spinning and external ontogenetic
changes in the pupae of *Polistes annularis*（Hymenoptera: Vespidae: Polistinae）. Ins. Soc. 30:496-507.（SCI）

B. Hermann, H. R. and J. T. Chao. 1983. Furcula, a major component of the hymenoptera venom apparatus. Int. J. Insect Morphol. & Embryol. 12:321-337.（SCI）

C. Hermann, H. R. and J. T. Chao. 1984. Nesting biology and defensive behavior of *Mischocyttarus*（*Monocyttarus*）*mexicanus cubicola*（Vespidae: Polistinae）. Psyche 91:51-65.

D. Hermann, H. R. and J. T. Chao. 1984. Distribution of *Mischocyttarus*（*Monocyttarus*）*mexicanus cubicola* in the United States. Florida Entomol. 67:516-520.

E. Hermann, H. R. and J. T. Chao. 1984. Morphology of the venom apparatus of *Mischocyttarus mexicanus cubicola*（Hymenoptera: Vespidae: Polistinae）J. Georgia Entomol. Soc. 19:339-344.

F. 陸聲山、趙榮台、李玲玲。1992。臺灣北部家馬蜂 *Polistes jadwigae* 之聚落週期。中華昆蟲12（3）: 171-181。

G. Schmidt, J. O., T. S. Lee and J. T. Chao. 1993. Pharmacological activities of *Polistes rothneyi grahami and Polistes olivaceus*（Hymenoptera: Vespoidea）venoms, a preliminary report. Chinese J. Entomol. 13: 259-263.

H. Ito, Y., J. T. Chao, S. S. Lu and K. Tsuchida. 1994. Difference in nesting sites of *Ropalidia fasciata*（Hymenoptera: Vespidae）between Okinawa and Western Taiwan. J. Ethology 12（2）: 187-191.（SCI）

I. 趙榮台、王效岳、王斌永。1998。太魯閣國家公園之胡蜂調查。國家公園學報8（1）: 1-11。

J.  趙榮台、吳玟欣。2012。中部橫貫公路沿線之虎頭蜂分布現況。國家公園學報22（4）: 47-54。

K.  I-Hsin Sung, Sheng-Shan Lu, Jung-Tai Chao, Wen-Chi Yeh, and Wei-Jie Lee 2014. New record of bi-colored hornet, *Vespa bicolor,* is an alien species in Taiwan. Journal Insect Science.（Accepted, March 2014）

（2）研討會論文

A.趙榮台。1988。虎頭蜂與臺灣民間信仰。中華昆蟲8（2）:186。

B.陸聲山、趙榮台、李玲玲。1989。長腳蜂 *Polistes jadwigae* 之生態研究。中華昆蟲9（2）:304。

C.趙榮台、何聖玲、張世揚。1989。臺灣產虎頭蜂對養蜂場影響之初步分析。中華昆蟲9（2）:304-305。

D.Chao, Jung-Tai. 1992. Seasonal and geographical distribution of six hornet species along the central Cross-Highway, Taiwan. p.250, in Proceedings XIX International Congress of Entomology, Beijing, China.

E.趙榮台。1992。臺灣虎頭蜂的生態及防治。第5屆病媒防治技術研討會論文集。行政院環境保護署。91-96頁。

F. Chao, J. T., S. S. Lu, Y. M. Chen, K. Y. Fang and W. C. Yeh. 1997. Distribution and ecology of an alpine hornet, *Vespa wilemani* in Taiwan. The Third Asia-Pacific Conference of Enomology （APCE III）. 16-22 November, 1997. Abstracts. p. 140. National Museum of Natural Science, Taichung, Taiwan, R.O.C.

（3）專書及專書論文

A.趙榮台、王效岳、陳景亭。1989。太魯閣國家公園之胡蜂調查。太魯閣國家公園管理處。36頁。

B. 趙榮台。1989。胡蜂的世界。臺灣省立博物館。44頁。

C.趙榮台、王效岳、王斌永、邱金成。1990。中橫沿線毒蜂分布之調查研究。太魯閣國家公園管理處。16頁。

D.趙榮台。2010。太魯閣國家公園之胡蜂分布現況。太魯閣國家
公園管理處。47頁。

（4）技術報告及其他

A.趙榮台。1993。膜翅目與生物多樣性。中華昆蟲（13）：391-
392。

B.趙榮台。1997。胡蜂的另類接觸。大自然季刊55: 24-29。

C.趙榮台。1999。虎頭蜂入神。大自然季刊64: 70-73。

D.趙榮台。2011。工蜂不見了。國語日報週刊 845: 2。

E.趙榮台。2011。開花結果：多謝昆蟲授粉。國語日報週刊845: 3。

## 3.國立中興大學昆蟲系──杜武俊教授蜂毒研究，醫學昆蟲學實驗室研究生論文

（1）博士論文

A.楊景岳。2013。黑腹虎頭蜂（*Vespa basalis*）毒質胜肽mastoparan-B
及其特定胺基酸取代類似物之抗氧化性和抗菌性探討。
Antimicrobial and antioxidative activities of mastoparan-B, a venom
peptide from *Vespa basalis*, and its amino acid substituted analogs.

B.林峻賢。2012。臺灣產虎頭蜂蜂毒胜肽（mastorparans）之生物
特性。Biological characterization of mastoparans in the venom of *Vespa*
spp. in Taiwan.

（2）碩士論文

A.江志鴻。2008。蜜蜂蜂毒胜肽melittin調控T細胞活性之分子
作用機轉。Molecular mechanism of T cell activation modulated by
honeybee venom polypeptide, melittin.

B.謝慧蓮。2004。蜜蜂蜂毒誘發人類黑色素腫瘤A2058細胞凋
亡之分子機轉。The molecular mechanism of honeybee（*Apis
mellifera*）venom-induced apoptosis in human melanoma A2058 cells.

C.張正鵬。2003。蜜蜂（*Apis mellifera*）毒質生物活性探討。Bioactivity
of the venom from the honey bee, *Apis mellifera*.

D. 楊景岳。2001。家馬蜂（*Polistes jadwigae* Dalla Torre）蜂毒 polistes mastoparan cDNA轉殖及表現之初探。Preliminary study on expression of *Polistes jadwigae* Dalla Torre venom cDNA, polistes mastoparan.

## 4.研究報告

（1）Yang, M. J., W.Y. Lin, R. F. Hou, C. H. Lin, C. L. Shyu, and W. C. Tu*. 2013. Enhancing antimicrobial activities of mastoparan-B by amino acid substitutions. Journal of Asia Pacific Entomology 16: 349-355.

（2）Peng, C. C., J. Y., and W. C. Tu. 2012. Cost-effective expression and purification of recombinant venom peptide mastoparan B of *Vespa basalis* in *Escherichia coli*. International Journal of Bioscience, Biochemistry and Bioinformatics. 2（5）: 309-313.

（3）Lin, C. H.; R. F. Hou, C. L. Shyu, W. Y. Shia; C. F. Lin, and W. C. Tu*. 2012. In vitro activity of mastoparan-AF alone and in combination with clinically used antibiotics against antibiotic-resistant *Escherichia coli* isolates from animals. Peptides 36:114-120.

（4）Lin, C. H., J. T. C. Tzen, C. L. Shyu, M. J. Yang, and W. C. Tu*. 2011. Structural and biological characterization of mastoparans in the venom of *Vespa* species in Taiwan. Peptides 32（10）: 2027-2036.

（5）Yang, M. J., W. Y. Lin, K. H. Lu, and W. C. Tu*. 2011. Evaluating antioxidative activities of amino acid substitutions on mastoparan-B. Peptides 32（10）: 2037–2043.

（6）Tu, W. C., C. C. Wu, H. L. Hsieh, C. Y. Chen, and S. L. Hsu. 2008. Honeybee venom induces calcium-dependent but caspase-independent apoptotic cell death in human melanoma A2058 cells. Toxicon. 52（2）: 318-329.

（7）Lee, Viola S.Y. Wu-Chun Tu, Tzyy-Rong Jinn, Chi-Chung Peng, Li-Jen Lin, and Jason T.C. Tzen. 2007. Molecular cloning of the precursor polypeptide of mastoparan B and its putative processing enzyme, dipeptidyl peptidase IV, from the black-bellied hornet, *Vespa basalis*. Insect Molecular Biology 16: 231-237.

（8）Lin, C. H., C. L. Shyu, Y. M. Kuo, and W. C. Tu*. 2006. The bioactivity and cDNA expression of Hymenopteran venom. Formosan Entomol. Special Publication 8: 33-41.

## 5.蜂毒參考網站

http://gbi.fmrp.usp.br/beevenom/

## 6.參考書籍

（1）Handbook of Natural Toxins. Volume 2: Insect poisons, allergens, and other invertebrate venoms. 1984. Edited by Anthony T. Tu.

（2）The bible of bee venom therapy. 1997. Bodog F. Beck.

# 謝辭

　　本書於2014年6月甫完成初稿時，欣聞山根爽一博士已於2011年自日本國立茨城大學，以名譽教授職銜榮退。特別與內人前往日本拜訪道賀，承蒙熱忱接待，並撥冗校訂全文及撰文推薦，真切友情感激不盡。

　　2014年8月16日受邀參加國立臺灣博物館「臺博建築99周年慶生會」之際，談及撰寫本書的動機，陳館長濟民慨然允諾出版。雖然其間有意外狀況，無法發行，仍誠心感謝。當然特別感謝，中華民國出版商業同業公會聯合會楊理事長克齊與宋秘書長政坤，及時伸出援手，得以順利出版。

　　承蒙國立臺灣大學榮譽教授何鎧光博士數十年來的指導提攜，尤其1990年引領蜜蜂研究室加入虎頭蜂研究，獲益匪淺。書成後又蒙何鎧光恩師、國立自然科學博物館前館長周延鑫博士、國立中興大學昆蟲學系主任路光輝博士，撰寫序文；長榮大學前校長陳錦生博士專文推薦；行政院農委會林業試驗所前所長金恆鑣博士專業導讀，銘感五內。

　　感謝，國立嘉義大學郭木傳教授及葉文和教授，提供多年研究報告、文獻、經驗及珍貴照片，協助校閱相關文稿；行政院農委會林業試驗所趙榮臺博士，不斷提供胡蜂相關資料及照片，協助校閱相關文稿；國立中興大學昆蟲系教授杜武俊博士，提供蜂毒研究報告，協助校閱相關文稿；中山醫學院附設醫院林智廣醫師，百忙之中整理「治療蜂螫後引起急性腎衰竭」的心得；嘉義大學宋一鑫博士及中華民國蜂針研究會魏明珠顧問的熱忱協助。此外，美國密西根州立大學教授黃智勇博士、日本玉川大學教授小野正人博士、義守大學教授趙仁方博士、蜂之鄉公司李麗玉顧問、國立臺灣大學姜義晏同學、國立中興大學唐昌迪同學及好友鄭雅芹小姐；專業攝影家王嘉雄老師、周大慶老師、劉輔仁醫師及楊維晟先生；小明部落格站長李國明先生及嘎嘎昆蟲網站長林義祥先生，都提供精美照片，為本書增添許多饒富生趣的有利佐證，由衷感謝。

　　由於臺灣虎頭蜂的研究資料較少，幸虧各方媒體記者不斷追蹤報導，為臺灣虎頭蜂螫人事件留下珍貴紀錄，也為本書加註時間軌跡。此外，約30年前民生報沈應堅記者帶領一組工作團隊，參與臺南縣曾文水庫摘除虎頭蜂錄影；約15年前，曾由男先生應允參觀虎頭蜂養殖場；捕蜂達人羅錦吉、羅錦文、陳添旺、陳中彬及陳光賢的友情協助；及所有協助過的朋友，深深感謝。

　　最後誠摯感念，親朋好友及家人的支持與鼓勵，尤其賢內助歐陽琇女士不厭其煩的再三校閱除錯，更是堅持信念實事求是的最大支撐力。

Do科學07　PB0034

# 與虎頭蜂共舞
## ——安奎的虎頭蜂研究手札

作　　　者／安　奎
校 訂 者／山根爽一
責任編輯／杜國維、姚芳慈
圖文排版／賴英珍
封面設計／王嵩賀

出版策劃／獨立作家
發 行 人／宋政坤
法律顧問／毛國樑　律師
製作發行／秀威資訊科技股份有限公司
　　　　　地址：114 台北市內湖區瑞光路76巷65號1樓
　　　　　電話：+886-2-2796-3638　傳真：+886-2-2796-1377
　　　　　服務信箱：service@showwe.com.tw
展售門市／國家書店【松江門市】
　　　　　地址：104 台北市中山區松江路209號1樓
　　　　　電話：+886-2-2518-0207　傳真：+886-2-2518-0778
網路訂購／秀威網路書店：https://store.showwe.tw
　　　　　國家網路書店：https://www.govbooks.com.tw

出版日期／2015年11月　BOD一版
　　　　　2020年7月　　BOD二版　定價／430元

|獨立|作家|
Independent Author

**寫自己的故事，唱自己的歌**

與虎頭蜂共舞:安奎的虎頭蜂研究手札 / 安奎
著. -- 一版. -- 臺北市:獨立作家, 2015.11
  面;公分. -- (Do科學;7)
BOD版
ISBN 978-986-92127-8-6(平裝)

1. 蜜蜂

387.781                          104017918

國家圖書館出版品預行編目

# 讀者回函卡

感謝您購買本書，為提升服務品質，請填妥以下資料，將讀者回函卡直接寄回或傳真本公司，收到您的寶貴意見後，我們會收藏記錄及檢討，謝謝！如您需要了解本公司最新出版書目、購書優惠或企劃活動，歡迎您上網查詢或下載相關資料：http:// www.showwe.com.tw

您購買的書名：_____

出生日期：_____年_____月_____日

學歷：□高中 (含) 以下　　□大專　　□研究所 (含) 以上

職業：□製造業　□金融業　□資訊業　□軍警　□傳播業　□自由業
　　　□服務業　□公務員　□教職　　□學生　□家管　　□其它____

購書地點：□網路書店　□實體書店　□書展　□郵購　□贈閱　□其他

您從何得知本書的消息？

　□網路書店　□實體書店　□網路搜尋　□電子報　□書訊　□雜誌

　□傳播媒體　□親友推薦　□網站推薦　□部落格　□其他_____

您對本書的評價：（請填代號　1.非常滿意　2.滿意　3.尚可　4.再改進）

　封面設計____　版面編排____　內容____　文／譯筆____　價格____

讀完書後您覺得：

　□很有收穫　□有收穫　□收穫不多　□沒收穫


對我們的建議：_____

_____

_____

_____

11466
台北市內湖區瑞光路 76 巷 65 號 1 樓
## 獨立作家讀者服務部　　　收

·····
（請沿線對折寄回，謝謝！）

姓　　名：＿＿＿＿＿＿＿　年齡：＿＿＿　性別：□女　□男

郵遞區號：□□□□□

地　　址：＿＿＿＿＿＿＿＿＿＿＿＿＿＿＿＿

聯絡電話：(日)＿＿＿＿＿＿＿　(夜)＿＿＿＿＿＿＿

E-mail：＿＿＿＿＿＿＿＿＿＿＿＿＿＿＿